IC设计与嵌入式系统
开发丛书

U0193576

Perl语言
IC设计实践

滕家海 编著

Perl IC
Design Practice

机械工业出版社
China Machine Press

图书在版编目（CIP）数据

Perl 语言 IC 设计实践 / 滕家海编著 . -- 北京：机械工业出版社，2022.1（2022.11 重印）
（IC 设计与嵌入式系统开发丛书）
ISBN 978-7-111-69643-8

I. ① P… II. ① 滕… III. ① 集成电路 - 电路设计 ② Perl 语言 - 程序设计 IV. ① TN402
② TP312.8

中国版本图书馆 CIP 数据核字（2021）第 247391 号

Perl 语言 IC 设计实践

出版发行：机械工业出版社（北京市西城区百万庄大街 22 号 邮政编码：100037）

责任编辑：王 颖 李美莹 责任校对：马荣敏

印 刷：三河市宏达印刷有限公司 版 次：2022 年 11 月第 1 版第 2 次印刷

开 本：186mm×240mm 1/16 印 张：14.75

书 号：ISBN 978-7-111-69643-8 定 价：79.00 元

客服电话：（010）88361066 68326294

序

记得 21 世纪 00 年代初,第一次在工作中接触到 Perl,当时那本封面上有只小骆驼的厚厚的 Perl 语言书(*Programming Perl*)很流行,至今还一直印在我的脑海中。

20 世纪 90 年代,国内集成电路(IC)设计行业开始起步,人们也开始使用 UNIX,对当时刚进入电路设计领域的我来说,使用 Perl 脚本和 C-Shell 脚本事半功倍。经过几十年的发展,国内 IC 设计水平突飞猛进,工艺节点也从 0.35 微米、0.13 微米演进到如今的 28 纳米、7 纳米和 5 纳米,芯片集成规模也从我在大学学习 IC 设计时的几百、几千个元件,到工作时的几百万个元件,变为现今的上亿、几十亿、几百亿个元件。当今,数字和模拟 IC 电路设计仿真时的数据处理、版图设计及后端设计中的规模性操作等,都离不开 Perl 脚本高效处理的身影。身边数字和模拟 IC 电路设计的高手乃至芯片测试方面的高手,很多都对使用 Perl 脚本得心应手,他们的工作效率往往是常人的数倍。

我一直对写书的作者充满敬意。他们一定是在某个领域锤炼多年,有自己的心得和体会,并且有想急切写下来分享给读者的冲动。写书的过程肯定也充满了喜悦、痛苦和烦恼,犹如十月怀胎,需要经历漫长且煎熬的过程。

滕家海先生是我的老同事,平时做事一丝不苟。他在 IC 领域多家公司工作过,一直从事 Perl 脚本等的应用开发支持,已有几十年的功力,与芯片模拟设计、数字设计、版图设计、后端设计、芯片制造 Foundry 厂都有密切的合作。工作中,设计师们提出的各类要求,他一般都能满足。本书是他数十年来工作经验的分享,希望读者,尤其是初学者,能够通过学习本书快速入门,并在工作中学会利用 Perl 脚本来提高自身的工作效率。脚本可以由 IC 设计工程师自己开发,也可以提交给专门的

CAD 工程师开发，所以掌握 Perl 语言对各类 IC 工程师都有益处。

近年来，国产芯片大热，通信、手机、AI、自动驾驶……一浪接一浪，投资人蜂拥而至，处在这个风口的 IC 工程师不愁没有工作机会，只愁自身能力不够。如果你已经是或者将要成为一名芯片设计师、数字后端设计师、CAD 支持……本书将为你打开一扇门，帮助你在未来工作中有高效输出。当然，本书是一本针对初学者的 Perl 语言书，也适合于对各类文本处理感兴趣的读者。

王添平

2021 年 6 月 18 日　上海

前　　言

Perl 语言的特点

Perl 语言是一门解释型编程语言，与 C/C++ 语言相比，它的程序不需要用户编译，可以直接运行。Perl 的一个特点是，它提供了简洁的数据类型，包括标量、数组和散列（在其他高级语言中，常称为关系数组或字典），其中数组和散列可以是任意深度的嵌套组合——这使我们可以高效地描述数据。Perl 内嵌的正则表达式是它的另一大特点，不仅提供了极其强大而全面的功能，而且使用起来非常方便。

IC 设计为什么需要编程

如果你是 IC 设计领域的在职人员，那么你可能知道，许多 EDA 软件厂商为该领域提供了各式各样满足不同需求的 EDA 软件。在这种情形下，还需要我们编程吗？目前的答案仍然是肯定的。EDA 软件专注于某个特定的任务，而无法满足公司定制的具体需求（比如根据公司内部的实际需求，生成特定格式的报告），也无法把多个可能来自不同厂商的软件串联起来运行。还有一些烦琐的手动编辑工作，暂时没有专门的软件来完成。这些都要通过编程来完成。

Perl 语言可以应用在 IC 设计过程中的以下场景

在 IC 设计中，仿真、验证、版图设计等工作，都有专用的 EDA 软件。那么，

Perl 语言主要用在哪里呢？笼统地说，Perl 语言可以用于以下场景：

- ❑ 处理输入文本。
- ❑ 运行某个 EDA 软件。
- ❑ 分析输出文本。

Perl 语言也可以用于这三者的某种组合。比如，运行某个 EDA 软件并分析其结果，或者先处理输入文本，然后运行某个 EDA 软件，最后分析其结果，甚至根据结果去调整输入文本，循环运行 EDA 软件直至获得预期的结果。本书中的"文本"或"文本文件"是指 netlist（网表）、Verilog 文件、log 文件等，不包括 Word 文档或PDF 文档等包含格式信息的文件。

基于这些应用场景，本书会较全面地介绍 Perl 知识，以满足实际工作的需求。但一些内容，比如面向对象、嵌入 C 代码和二进制文件的处理等，这些在 IC 设计实践中很少用到的，本书没有涉及。

Perl 语言的版本

本书的代码在 Perl 5.10.1（CentOS 6.0）和 Perl 5.34.0 上均通过运行测试。只要所安装的语言版本不太老，都可以顺利运行本书的代码。

代码和勘误

本书所有带编号的代码均可从 http://www.hzbook.com 下载，或者向笔者发送电子邮件索取。笔者才疏学浅，尽管做了最大努力，书中仍难免有错，欢迎各位读者朋友指正。笔者的邮箱为 jhteng@outlook.com。

本书面向的读者

本书主要面向 Perl 的初学者。如果你是 IC 设计行业的工程师（包括模拟 IC 设计、数字 IC 设计，版图设计和布局布线工程师等），希望你看到本书的实例时，会感到亲切。

如果你只了解一点 Perl，但不熟悉它，或者不曾将 Perl 应用到 IC 设计过程中，又或者编写的代码只能自己使用，不知道该达成哪些规范来提高质量，那么本书会给你提供一些帮助。

本书目标

本书的目标就是使你学会 Perl，并且能将 Perl 应用到 IC 设计实践中，提高工作效率。本书将介绍一些代码规范，使你的代码既正确又优雅，既利于他人阅读学习，也利于自己未来更新或扩充。

本书特点

- ❑ 零基础：对编程经验没有要求。
- ❑ 循序渐进：在介绍基础知识的过程中，逐步改进和完成一个处理命令行参数的模块，该模块可以应用到未来的实践中。
- ❑ 注重实践：本书遵循实际的 IC 设计过程，根据需求来完成相关的 Perl 编程工作。

本书内容

本书主要包含以下几章内容：

第 1 章　介绍 Perl 的基本知识。首先介绍准备工作，包括操作系统和 Perl 的安装，以及代码编辑软件的选择等；其次介绍如何逐步改进和完成命令行参数，包括变量、控制结构、正则表达式、子例程和模块等。

第 2 章　介绍 Perl 与操作系统的交互，包括文件 / 目录操作、执行 shell 命令和设计 Perl 程序的参数等。

第 3 章　介绍正则表达式。

第 4 章　对第 1 章和第 2 章完成的模块进行补充和改进，为后续第 5 ～ 7 章做准备。

第 5 章　介绍 Perl 在模拟 IC 电路设计中的应用——处理 PVT 仿真的程序。

第 6 章　介绍 Perl 在版图验证过程中的应用——处理版图验证的程序。

第 7 章　介绍 Perl 在数字 IC 电路设计过程中的应用——连接数字模块（Verilog）的程序，重点介绍 Perl 数据结构的灵活性。

第 8 章　介绍如何提升代码质量以及其他话题。

第 9 章　介绍特殊名称、常用函数和模块。

致谢

本书得以出版，首先要感谢陈刚先生，我曾经的上级主管。在 2020 年春节前夕，他建议我写一本书，总结一下自己的经验，分享给本行业的年轻设计人员。在编写过程中，他也时常鼓励我，还仔细审阅了书稿，并提出了一百多条改进意见。

我还要感谢我的同事黄飞鹏、方亮亮、董庆祥和张劼。黄飞鹏先生是模拟电路设计专家，他向我推荐了 PVT 自动化的实例，并给予了细致的说明和指导。方亮亮女士是数字电路设计专家，她向我推荐了自动连接 Verilog 的实例，也热心解答了我的关于数字电路设计方面的问题。董庆祥先生是模拟电路设计专家，他建议我花点篇幅介绍 Perl 的特点，我希望本书能达成他的期望。张劼先生是模拟电路设计专家，我经常向他请教各类电路知识，避免了一些电路设计方面的错误。

我还要感谢机械工业出版社的编辑杨福川先生、王颖女士、张梦玲女士和李美莹女士。杨先生是我之前译作的责任编辑，在得知我有意编写本书后，积极将本选题推荐给了王颖女士。王颖女士帮助我确定了此书的结构和内容框架，并告知我许多成书方面的注意事项。张梦玲女士在书稿定稿前期给予了许多细节上的指导。李美莹女士是本书的责任编辑，她全面仔细地审阅了全书，并给予了书稿编辑加工方面的指导。

我很荣幸邀请到王添平先生为本书作序。他是 IC 领域的资深专家，曾在多家国际知名 IC 公司任高级主管，在行业内辛勤付出近三十年，现任高云半导体公司CTO。他作为我的领导，对本书的出版也非常关心，经常给予我鼓励与支持。

最后，感谢我的家人，永远给予我宽容与鼓励。

滕家海

2021 年 6 月

目　　录

序

前言

第1章　Perl 语言基础 ················ 1

1.1　准备工作 ···························· 1

　　1.1.1　安装环境 ················ 1

　　1.1.2　选择编辑器 ············· 2

　　1.1.3　查阅官方文档 ·········· 3

　　1.1.4　运行本书中的程序 ······ 3

1.2　初识命令行参数 ················ 4

　　1.2.1　标量 ··················· 7

　　1.2.2　数组 ··················· 8

　　1.2.3　循环结构 for ·········· 9

1.3　改进命令行参数 ··············· 10

　　1.3.1　散列 ··················· 13

　　1.3.2　判断结构 if ··········· 14

　　1.3.3　"真"与"假" ········· 15

1.4　继续改进命令行参数 ········· 16

　　1.4.1　数组的散列 ··········· 20

　　1.4.2　散列的散列 ··········· 21

1.5　完成命令行参数 ··············· 22

　　1.5.1　引用 ··················· 25

　　1.5.2　子例程 ················· 27

　　1.5.3　模块 ··················· 29

第2章　与操作系统交互 ············· 34

2.1　识别文件或目录 ··············· 34

2.2　读取文件 ······················· 35

2.3　写入文件 ······················· 37

2.4　读取目录 ······················· 39

2.5　创建目录 ······················· 39

2.6　执行操作系统命令 ············ 40

2.7　获取系统命令的输出 ········· 41

2.8　获取和设置环境变量 ········· 41

2.9　读取命令行参数 ··············· 41

第3章　正则表达式 ·················· 45

3.1　匹配的基本过程 ··············· 46

3.2　匹配 ···························· 48

　　3.2.1　普通字符 ············· 48

　　3.2.2　元字符 ··············· 49

　　3.2.3　反斜杠家族 ··········· 54

　　3.2.4　修饰符 ··············· 56

　　3.2.5　内插变量 ············· 57

3.3 分组和捕获 · · · · · · · · · · · · · · · · · · · 59
  3.3.1 分组并捕获 · · · · · · · · · · · · 59
  3.3.2 匹配的特点 · · · · · · · · · · 62
  3.3.3 分组不捕获 · · · · · · · · · · 64
  3.3.4 分组捕获并反向引用 · · · · 65
3.4 替换 · 66
  3.4.1 修饰符 · · · · · · · · · · · · · · · 67
  3.4.2 界定符 · · · · · · · · · · · · · · · 67
  3.4.3 不改变原变量 · · · · · · · · · 67

第4章 模块的改进 · · · · · · · · · · · · · · 68
4.1 参数值存为标量 · · · · · · · · · · · · · 68
4.2 增加 data_type 的类型识别 · · · · 69
4.3 提供默认值 · · · · · · · · · · · · · · · · · 70
4.4 新增子例程 · · · · · · · · · · · · · · · · · 72
  4.4.1 把文件读取到数组中 · · · · 72
  4.4.2 把数组写入文件中 · · · · · 73
  4.4.3 新建目录 · · · · · · · · · · · · · 73
4.5 参数值可以短划线开头 · · · · · · · · 74

第5章 模拟 IC 电路仿真实践 · · · · · · 75
5.1 模拟 IC 电路设计流程简介 · · · 75
5.2 PVT 仿真的过程 · · · · · · · · · · · · 76
5.3 定义 PVT 仿真程序的功能 · · · · · 77
5.4 程序的主体 · · · · · · · · · · · · · · · · · 79
5.5 各子例程 · · · · · · · · · · · · · · · · · · · 81
  5.5.1 define_opt_rule · · · · · · · · · 81
  5.5.2 run_pvt · · · · · · · · · · · · · · 82
  5.5.3 generate_netlist · · · · · · · · 83
  5.5.4 run_sim · · · · · · · · · · · · · · 84

  5.5.5 get_sim_result · · · · · · · · · · 85
  5.5.6 generate_report · · · · · · · · · 86
5.6 补充说明 · · · · · · · · · · · · · · · · · · · 86

第6章 版图设计实践 · · · · · · · · · · · · · · 88
6.1 版图设计流程简介 · · · · · · · · · · · 88
6.2 DRC 程序的功能定义和参数
    设计 · 89
6.3 程序的主体 · · · · · · · · · · · · · · · · · 90
6.4 各子例程 · · · · · · · · · · · · · · · · · · · 93
  6.4.1 prepare_run_dir · · · · · · · · 93
  6.4.2 export_gds · · · · · · · · · · · · 94
  6.4.3 prepare_drc_rule · · · · · · · · 95
  6.4.4 replace_array · · · · · · · · · · 96
  6.4.5 get_match_word · · · · · · · · 97
  6.4.6 run_drc · · · · · · · · · · · · · · · 98
  6.4.7 report_result · · · · · · · · · · · 99
6.5 补充说明 · · · · · · · · · · · · · · · · · · · 99

第7章 数字 IC 电路设计实践 · · · · · 101
7.1 Verilog 连接程序的功能定义和
    参数设计 · · · · · · · · · · · · · · · · · · · 101
7.2 程序的主体 · · · · · · · · · · · · · · · · 104
7.3 各子例程 · · · · · · · · · · · · · · · · · · 106
  7.3.1 read_file_list · · · · · · · · · · 106
  7.3.2 read_verilog_file · · · · · · · 107
  7.3.3 con_top_verilog · · · · · · · · 109
  7.3.4 generate_lines · · · · · · · · · 111
  7.3.5 output_verilog · · · · · · · · · 113
7.4 补充说明 · · · · · · · · · · · · · · · · · · 115

第8章 提升代码质量 ············· 116

8.1 正确的代码 ··············· 116

8.1.1 use strict ··········· 116

8.1.2 use warnings ········· 119

8.1.3 程序的结构 ········· 120

8.1.4 轻度 debug ········· 122

8.2 好看的代码 ··············· 123

8.2.1 缩进和大括号 ······· 123

8.2.2 断行 ··············· 125

8.2.3 注释 ··············· 126

8.2.4 POD ··············· 127

8.3 中文处理 ··············· 129

8.3.1 常量 ··············· 130

8.3.2 变量名 ············· 130

8.3.3 文件的内容 ········· 131

8.4 递归 ····················· 132

8.5 监控长时间运行的任务 ······· 134

8.6 杂项 ····················· 145

8.6.1 << 操作符 ··········· 145

8.6.2 Schwartz 变换 ······· 147

8.6.3 其他运算符 ········· 147

8.6.4 非十进制数处理 ······· 150

8.7 更多阅读推荐 ··············· 153

第9章 特殊名称、常用函数与
模块 ··············· 156

9.1 特殊名称 ··············· 156

9.1.1 $0 ··············· 156

9.1.2 @ARGV ··············· 157

9.1.3 $_ ··············· 157

9.1.4 @_ ··············· 160

9.1.5 $a 和 $b ············· 161

9.1.6 $. ··············· 161

9.1.7 %ENV ··············· 161

9.1.8 $$ ··············· 162

9.1.9 $! ··············· 162

9.1.10 STDERR、STDIN、
STDOUT ··············· 162

9.2 常用函数 ··············· 163

9.2.1 数学计算 ············· 164

9.2.2 标量操作 ············· 166

9.2.3 列表和数组处理 ······· 171

9.2.4 仅数组处理（不能处理
列表）··············· 174

9.2.5 散列处理 ············· 177

9.2.6 输入输出 ············· 179

9.2.7 文件（和目录）操作 ···· 193

9.2.8 流程控制 ············· 198

9.2.9 范围 ··············· 201

9.2.10 时间处理 ············· 205

9.2.11 其他函数 ············· 206

9.3 常用模块 ··············· 211

9.3.1 strict ··············· 211

9.3.2 warnings ············· 214

9.3.3 parent ··············· 215

9.3.4 Benchmark ··········· 216

9.3.5 Cwd ··············· 218

9.3.6 Data::Dumper ········· 219

9.3.7 Digest::MD5 ··········· 220

9.3.8 File::Basename ········· 221

9.3.9 Spreadsheet::XLSX ····· 222

第 1 章

Perl 语言基础

1.1 准备工作

在开始编写 Perl 语言程序之前，我们先做一些准备工作。

1.1.1 安装环境

大部分 IC 设计公司会采用 Linux 操作系统作为开发平台，许多 IC 设计工作，比如模拟 IC 设计、数字 IC 设计和版图设计类，都是在 Linux 操作系统上相关的 EDA 软件中进行的，因此本书推荐使用 Linux 操作系统，CentOS、Ubuntu、Debian 等都可以使用。

如果你已经有 Linux 操作系统，那么 Perl 可能已经在其中安装好了。请打开一个命令行（即 terminal）窗口，然后在其中输入：

```
perl -v
```

四个小写字母 p、e、r、l，然后是空格，紧跟着的是短划线 "-"（不是下划线 "_"）和小写字母 v。包括空格，一共有 7 个字符，然后按下回车键。

如果输出显示了 Perl 的版本信息，那么恭喜你，此系统上就已经安装了 Perl。

通常会有类似这样的输出类：

```
This is perl 5, version 28,…
```

这表明 Perl 的版本号是 5.28。

如果你只有 Windows 操作系统，那么推荐你安装虚拟机软件，比如 VirtualBox 或者 VMware Workstation Player。再下载某个 Linux 发行版的 ISO 文件并通过虚拟机软件安装这个操作系统。

如果你只有 Mac OS 操作系统，那么你也可以运行本书的所有代码。

如果你想安装 Perl 的最新版本，那么可以从官网下载。官网的网址如下：

```
www.perl.org
```

有两种自行安装的选择：

1）下载源代码，根据源码包中包含的 readme 或者 install 文档，自行编译和安装。这通常需要多花费一点时间去编译，根据机器的性能，一般在十几分钟到几小时不等。这样做的好处就是可以获得最新的 Perl 版本，并且可以使 Perl 与你的机器硬件匹配得更好。

2）下载与自己使用的 Linux 系统匹配的安装包，比如对应 Cent OS 的一般是 .rpm 后缀的安装包，对应 Ubuntu 的是 .deb 后缀的安装包。这样的安装更便捷一些，但一般不是最新的版本，是一个接近最新版的较新版本。

只要你的 Perl 的版本号在 5.10.1 以上，就可以运行本书的全部代码。

1.1.2　选择编辑器

系统上安装 Perl 以后，就可以开始编程了。

如果你是第一次编程，那么请注意，我们要选择合适的文本（代码）编辑器，而不能使用微软的 Word 编辑器或者类似的带"格式"的文本编辑器。因为除了我们输入的字符以外,这样的编辑器还会在文件中增加一些二进制代码来表示格式、字体等信息,而这些都是 Perl 无法识别的。

所以我们需要一款"纯"文本编辑器。如何区分"纯"或"不纯"呢?可以先在编辑器中输入简短的内容,然后使用 cat 命令输出此文件的内容,如果你看到的全部输出就是你输入的内容,那么这就是一款"纯"文本编辑器。

vi、vim、gedit、kedit、emacs 等都是符合我们需求的"纯"文本编辑器。

一般 Linux 系统默认已安装 vi 或者 vim,如果你熟悉并喜欢它们,那么这是不错的选择。如果你不熟悉或者不喜欢 vi 或 vim,那么可以选择 gedit、kedit、emacs 等在 Linux 上容易找到的文本编辑器,或者安装一个自己熟悉并且喜欢的"纯"文本编辑器。

1.1.3　查阅官方文档

查阅官方文档有两种方式,一种是在官网浏览(或者下载):

www.perl.org/doc.html

另一种方式是,执行 perldoc 命令,查阅某个函数或者关键字。你可以运行 perldoc 或者 perldoc perldoc,它会提示你更多用法。

1.1.4　运行本书中的程序

如果想直接运行本书中的程序,请注意代码的第一行 #!/usr/local/bin/perl 是我的 Perl 的路径,你的 Perl 路径可能不一样,请运行 which perl 命令来确认路径。如果路径不一样,你有两种选择。

第 1 种选择(更简洁),在命令行窗口中运行如下代码:

```
perl ./ch1/some.pl
```

或者

```
cd ./ch1
perl some.pl
```

这样由于你运行了有效的 Perl，它会忽略程序文件的第一行，并告诉 shell 默认情况下的 Perl 的路径。

第 2 种选择，你需要修改程序的第一行，把第一行写成，"#!"后面紧跟你的 Perl 的全路径，并且确保此文件是可执行的，然后运行：

```
./some.pl
```

好了，万事俱备，让我们开始 Perl 语言 IC 实践之旅吧！

1.2　初识命令行参数

Perl 语言和大部分编程语言一样，有变量、控制结构、函数和模块。我们将在下面介绍这些基础内容。

大部分有意义的程序都需要先与外部交换数据——取得输入，再经过一番运算以后，反馈相应的输出。程序与外界最常见的接口就是命令行参数。

下面各节内容将从无到有，逐步完善一个处理命令行参数的程序。

最常见的 Perl 程序的运行方式是参数在命令行（command line，也就是 terminal）中执行，类似 ls -a /home。我们约定：ls 称为命令或者程序，-a 和 /home 都称为参数（argument），同时 -a 也可称为选项（option），/home 也可称为参数值（parameter）。

我们先看一个简短的 Perl 程序，它会输出所有的输入参数（每行一个）。围绕这个程序，我们将一起学习基本的数据类型（标量和数组）和控制结构（for）等内容。行首的数字不是程序的内容，而是行号，以方便后文指定说明。

代码 1-1　ch01/read_argument_v1.pl

```
1 #!/usr/local/bin/perl
```

```
2
3 print "Command is: $0\n";
4
5 for my $arg ( @ARGV ) {
6    print $arg, "\n";
7 }
8
9 exit 0;
```

运行该程序:

```
./read_argument_v1.pl -a first -b second
```

程序将输出:

```
Command is: ./read_argument_v1.pl
-a
first
-b
second
```

如果你运行此程序时没有得到预期的输出,请参照 1.1 节检查 Perl 环境。

第 1 行,该行代码将我们的 Perl 位置告诉 shell,你的 Perl 位置可能与我的不同,请运行 which perl 确认其路径。有了这一行代码后,就可以直接运行可执行文件(read_argument_v1.pl)。如果没有这一行代码,则只能以如下方式运行程序:

```
perl read_argument_v1.pl
```

第 2、4、8 行,是空行。只是为了代码更美观,不影响代码的功能。

第 3 行,print 是一个函数,它把后面的内容,都依次输出到命令行(窗口的标准输出)中。$0(美元符号后面紧跟一个数字零)是 Perl 内建的一个变量,它的值是被执行的程序本身,一般是第一个字符串(即 ./read_argument_v1.pl)。

如果我们按如下代码执行:

```
perl read_argument_v1.pl
```

那么 $0 是：

```
read_argument_v1.pl
```

本行末尾的 "\n" 是一个换行符。

第 5 ～ 7 行，是一个循环（for）结构，循环遍历数组 @ARGV 的内容。每次循环，按照次序把 @ARGV 的某个值，赋值到 $arg。然后 print 函数把 $arg 输出到命令行，并紧跟一个换行符。@ARGV 是 Perl 内建的一个数组，它包含命令行的全部输入参数（包括选项和参数值，不包括 $0）。my 是一个声明变量的函数，我们在 for 循环中，常常需要一个临时变量来存储每次循环获取的变量值，我们通常会在 for 语句中夹带一个 my 声明，这样的好处是：使得 $arg 的作用域仅限于此 for 循环结构，在此 for 结构之外，$arg 是未定义的。这是一个在软件工程领域被证明过的、有效的代码实践——避免使用全局变量，尽量缩小变量的作用范围。

第 9 行，exit 0，表示整个程序的结尾、逻辑上的结尾。在它之后还可以编写其他代码，比如子例程等，我们之后就会介绍这些内容。我们一般以 0（零）表示整个程序正常结束，其他非零值表示异常结束。exit 的返回值对该程序本身的意义不大，其返回值主要用于调用该程序的其他程序。

下面我们详细介绍上例中出现的 print、标量、数组，以及控制结构 for。

Perl 语句是以分号（;）作为结束标志的。大部分情形，语句都可以在合适的位置插入空格或替换行。所以代码 1-1 中的第 6 行也可以如下断开：

```
print $arg,
"\n";
```

该语句功能保持不变。

print 是最常用的函数之一。如果第一个参数不是文件句柄或者其他句柄，那么它会使用默认的句柄——标准输出（STDOUT），并把其余参数的内容都输出到相应的句柄上。

注释以 #（井号）开始。注释既可以是独立的行，也可以在句末分号的后面。

1.2.1　标量

Perl 有且只有 3 种变量类型：标量（saclar）、数组（array）和散列（hash）。

虽然 Perl 不强制声明变量，但是在使用变量之前声明它是很好的编程习惯，会提升代码的质量。Perl 使用 my 来声明变量。每次可以声明一个或多个变量，也可以在声明的同时为变量赋值。

标量，就是存储单一值的变量。存储的内容可以是数字、字符串、引用、文件句柄等。引用和文件句柄分别在 1.5.1 节和 2.2 节中介绍。标量是不分类型的，同一个标量可以先存储一个整数，然后再用一个有理数覆盖，最后再用一个字符串覆盖。Perl 不会混淆它们，倒是我们自己很可能混淆，所以一般我们使用不同的标量存储不同类型的内容。

标量的名称，必须以 $（美元符号）开始，后面紧跟一个字母或者下划线，再后面可以继续跟多个字母、数字或下划线。变量的名称是区分大小写的，所以 $abc 与 $aBc 是两个不同的标量。Perl 的一些内建变量由全大写字母组成，所以我们最好避免创建全大写字母的变量名。

标量的赋值，使用 =（等号），左侧是标量名，右侧是被赋予的值。my 是声明变量的命令，它的更多含义可参见 9.2.9 节。

```perl
my $num1 = 10;          # 10
my $num2 = $num1 * 10;  # 100
my ($num3, $num4, $num5) = (1, $num2 + 1, 3);
$num1 = $num2 = $num3 = 0;
```

my 既可以每次赋值一个标量，也可以赋值多个标量，还可以连续赋值。

如果标量的值是字符串，最常见的赋值方式是使用双引号或者单引号来包围字符串。使用双引号和单引号的区别是，双引号内如果含有变量，则此变量的值会被插值（interpolate），即变量名会被其内容替换，单引号内的变量则不会被插值。

```perl
my $str1 = 'ABC';         # ABC
my $str2 = '$str1 xyz';  # $str1 xyz
my $str3 = "$str1 xyz";  # ABC xyz
```

单引号包围的字符串中，除了两个特殊字符 '（单引号）和 \（反斜杠），其余字符都会保持它本来的样子：

```perl
my $str4 = '~`!@#$%^&*()[]<>{}?...';
#### $str4 is: ~`!@#$%^&*()[]<>{}?...
```

如果需要表示单引号或反斜杠自身，则需要在它们之前添加一个反斜杠：

```perl
my $str5 = 'here is \' and \\';    # here is ' and \
```

字符串拼接，使用 .（英文的句点）：

```perl
my $str6 = $str1 . "_" . "xyz"; # ABC_xyz
```

点号 "." 是操作符，操作符周围紧挨着的空格都会被忽略。

1.2.2   数组

数组就是标量的有序集合，数组的下标（即序号）从 0（零）开始。

数组的名称，必须以 @ 符号开始，后面紧跟一个字母或者下划线，后面可以继续跟多个字母、数字或下划线。

数组可以这样初始化：

```perl
my @nums = ( 1, 4, 9, 16 );
my @vars1 = ( "ZheJiang", "JiangXi", "XiZang" );
my @vars2 = ( "HangZhou", "NanChang", "LaSa" );
```

获取下标的操作符是中括号 []。数组中的某个标量，经常被称为元素（element）。可以如下所示，为元素赋值：

```perl
$nums[0] = 0;          # now @nums is: (0, 4, 9, 16)
$nums[4] = 17;         # now @nums is: (0, 4, 9, 16, 17)
```

```
$vars1[1] = "JIANGXI";
# now @vars1 is: ( "ZheJiang", "JIANGXI", "XiZang" )
```

由于数组就是标量的有序集合，因此 Perl 程序中任何位置的标量，都可以替换成数组中的某个元素。$vars[n] 可以放在标量（如 $str）可放置的任意位置。

数组的大小，即所含元素的数量，是可变的。不必像在某些语言中，需要预先定义大小。

$# 后面紧跟数组名，表示该数组的最后一个元素的下标。

```
print 'last index of @vars is: ',  $#vars1, "\n";
```

输出：

```
last index of @vars is: 2
```

scalar 函数，会返回数组的大小，即所含元素的数量：

```
$numofvars = scalar @vars;
print '@vars has ', $numofvars, " element\n";
```

输出：

```
@vars has 3 element
```

1.2.3　循环结构 for

循环结构 for 常用来循环遍历数组。

```
for my $var ( @someArray ) {
  sentences …
}
```

一般会在 for 后面使用 my 声明一个局部标量，这个局部标量 $var 仅在该 for 循环结构中有效，在该 for 外部，它是未定义的。循环结构每次从数组中按照次序取出一个值，并赋值给 $var，然后执行循环体内的语句。直到遍历完整个数组。

如果想中途退出循环体，我们可以使用 last 命令。

```
for my $var ( @someArray ) {
  if ( condition1 ) {
    last;
  }
  Other sentences …
}
```

如果有嵌套的循环，last; 一般只会跳出最内层的循环。如果需要跳出外层的循环，可以使用标记（label）。

```
LOOP_1: for my $var1 ( @someArray1 ) {
  for my $var2 ( @someArray2 ) {
    if ( condition1 ) {
      last LOOP_1; ## 跳出 for my $var1 的循环
    }
    Other sentences …
  }
}
```

如果想略过循环体的后续的语句，跳到下一次循环，可以使用 next 命令。

```
for my $var ( @someArray ) {
  if ( condition2 ) {
    next;
  }
  Other sentences …
}
```

1.3 改进命令行参数

输入参数都在一个数组（@ARGV）中，这样使用起来还有些不便。我们还需要便捷地知道对应某个选项的参数值。

在开始编写代码之前，我们先约定：

1）所有的输入参数，由选项和对应的参数值组成。不存在某个不属于任何选项的参数值。

2）每个选项对应至少一个参数值。不支持没有参数值的选项，即类似开关的选项。

我们以 Linux 中常见的复制命令为例：

```
cp -i file_a file_b
```

其中"-i"就是一个没有任何参数值的选项，该命令只在 file_b 存在的情况下，询问用户是否继续复制动作覆盖 file_b。file_a 或 file_b 都不属于任何选项，cp 命令只是依据它们的位置来决定其意义：第一个参数作为输入文件，第二个参数作为输出文件。

如果使用 Perl 程序完成上述 cp 命令的功能，依照上面的约定，程序（假设为 mycp）的参数可设计成如下：

```
-input file
-output file
-overlap [yes|no]
```

相应地，我们的程序，需要这样运行：

```
mycp -input file_a -output file_b -overlap no
```

当然，这些选项的相对位置是随意的，也可以这样运行：

```
mycp -overlap no -output file_b -input file_a
```

本节，我们将改进代码 1-1 的读取命令行参数的程序，把参数都存储到一个散列（hash）中。我们假设每个选项对应一个参数值，不多也不少，并且用户的输入是正确的：-optA pv_a -optB pv_b …。

代码 1-2　ch01/read_argument_v2.pl

```
1 #!/usr/local/bin/perl
2
```

```
 3 my ($opt, %value_of_opt) ;
 4
 5 for my $arg ( @ARGV ) {
 6   if ( $arg =~ /^-/ ) {
 7     $opt = $arg;
 8   }
 9   else {
10     $value_of_opt{$opt} = $arg;
11   }
12 }
13
14 for my $opt ( keys %value_of_opt ) {
15   print "$opt => $value_of_opt{$opt}\n";
16 }
17
18 exit 0;
```

如果我们运行：

```
./read_argument_v2.pl -a a1 -b b1 -c c1
```

那么程序会输出：

```
Command is: ./read_argument_v2.pl
-a => a1
-b => b1
-c => c1
```

第 3 行，声明了两个变量：一个标量 $opt，一个散列 %value_of_opt。

第 6 ～ 11 行，是一个 if/else 判断结构。

第 6 行条件中的 $arg =~ /^-/ 是一个正则表达式匹配，如果 $arg 以短横线（"-"）开头，那么该匹配返回 1，否则返回空（就是什么都没有），通常称之为空字符串。有关正则表达式的内容，留在第 3 章进行详细介绍。

第 7 行，把 $arg 的值赋值给 $opt，留给下一次循环（第 10 行）使用。

第 10 行，把 $arg 赋值给散列中对应的键 $opt。也就是说，给散列 %value_of_opt 中增加一个键 / 值对，其中键是 $opt，值是 $arg。

下面我们依次介绍代码 1-2 中出现的散列、判断结构 if/else 以及"真"与"假"。

1.3.1 散列

散列就是无序的键 / 值对，假设只有标量和数组，没有散列，理论上，也可以表示各类数据。现有一组如下数据：

```
ZheJiang HangZhou
JiangXi NanChang
XiZang LaSa
...
```

可以如下存储数据：

```
my @provinces = ("ZhaJiang", "JiangXi", "XiZang");
my @pccs = ("HangZhou", "NanChang", "LaSa");
```

假设我们想知道江西的省会，可以通过一个循环，找到 JiangXi 在数组 @provinces 中的序号（即 1，数组的序号从 0 开始），然后把这个 1 存储在某个变量中（比如 $n），然后取出 $pccs[$n]，这就是我们想要的信息。

由于这样的情形很常见，需要更高效简便的处理方式，因此很多高级语言都提供了散列或者功能类似的数据类型。Perl 的散列名必须以 % 开头，后面紧跟一个字母或者下划线，后面还可以继续跟多个字母、数字或下划线。散列的初始化如下所示：

```
%pcc_of = (
  'ZheJiang'    => 'HangZhou',
  'JiangXi'     => 'NanChang',
  'XiZang'      => 'LaSa',
);
```

与数组类似，散列由圆括号包围，键 / 值对用逗号分隔。每个单元都指定了一个键，在 => 的左边；同时指定了与这个键配对的值，在 => 的右边。键和值都是标量。如果要取用某个键指向的值，可以这样：

```
print $pcc_of{'JiangXi'}, "\n";
```

输出：

NanChang

散列中的键是唯一的，即同一个散列中不存在两个同名的键。

散列的常用函数有 keys、values 等。keys 返回散列的全部的键，组成一个数组。values 返回散列的所有的值，组成一个数组。需要留意的是，keys 返回的数组中，各键的次序与该散列初始化时各键的次序无关。

散列是灵活的，可以增减键值对。可使用 delete 函数进行删除操作，也可直接赋值进行新增操作。

```
delete $one_hash{'akey'};
$one_hash{'akey'} = "something";
```

1.3.2 判断结构 if

常用的判断结构有 if/elsif/else。其中 elsif/else 分支是可选的，elsif 分支可以有多个，else 分支最多只能有一个。

```
if ( condition1 ) {
  sentences1 …
}
elsif ( condition2 ) {
  sentences2 …
}
elsif ( condition3 ) {
  sentences3 …
}
else {
  sentencesN …
}

outer_sentence …
```

上述判断结构会从 if 的条件开始判断，如果 condition1 为"真"，则执行后面大括号中的语句 sentences1；如果为"假"，则继续检查下一个条件，直到某个分支的条件为"真"，就执行那个分支的语句，执行该语句后，离开整个 if/elsif/else 结构。如果没有任何条件为"真"，且存在 else 分支，则执行 else 分支的语句。

无论执行哪个分支的语句，都会离开整个判断结构，来到结构外部，继续后面的语句 outer_sentence。

1.3.3　"真"与"假"

什么是"真"，什么是"假"？这既可以是一个深奥的哲学问题，也可以是一个简单的 Perl 语法问题。在这里，我们仅讨论后者。

Perl 没有提供专门的变量或常量来表示"真"与"假"。任何标量（或常量）都可以成为判断结构的条件。那么 Perl 怎么判断这个标量是"真"还是"假"呢？它有以下规则：

❑ 未被赋值的，是假；
❑ 数字 0，字符串 '0'（零），空字符串 ''，是假；
❑ 其余皆为真。

```
my $t1 = 0;  # false
my $t2 = '0'; # false
my $t3 = '' ; # false
my $t4 = ' '; # true
```

除了单个的"真""假"表达式，Perl 还支持逻辑表达式的组合。有两组"或与非"逻辑操作符会经常使用。

第 1 组是"!""&&""||"（见表 1-1）。

表 1-1　逻辑操作符 1

逻辑操作符	表达式 A	表达式的值
!	! expr	expr 为"真"时，A 为"假"； expr 为"假"时，A 为"真"
&&	expr1 && expr2	expr1 和 expr2 皆为"真"时，A 为"真"；其余情况，A 为"假"
||	expr1 || expr2	expr1 和 expr2 皆为"假"时，A 为"假"；其余情况，A 为"真"

第 2 组是"not""and""or"（见表 1-2）。

表 1-2 逻辑操作符 2

逻辑操作符	表达式 A	表达式的值
not	not expr	expr 为"真"时，A 为"假"； expr 为"假"时，A 为"真"
and	expr1 and expr2	expr1 和 expr2 皆为"真"时，A 为"真"；其余情况，A 为"假"
or	expr1 or expr2	expr1 和 expr2 皆为"假"时，A 为"假"；其余情况，A 为"真"

不用背诵记忆它们之间的优先级，只要使用圆括号即可，例如：

```
(expr1 or expr2) and (expr3 or expr4) and (! expr5) …
```

这样可使代码的逻辑结构更清晰，也避免了我们对优先级的预期出现误判。

既然有两组逻辑操作符，那么如何选择呢？有没有特殊的规则需要记忆？请放心，没有！我常用的是"and""or""!"，因为我在输入 && 和 || 这类"叠词"时常常会少输入一个字符，造成语法错误。使用! 而不是 not 的原因是，后者字符多了两倍，而且前者具有很好的警示作用（即取"反"）。

不需要记忆的优先级：

1）!、&&、|| 这一组的各个逻辑操作符的优先级分别高于相对应的 not、and、or。

2）同一组内，not(!) 的优先级高于 and（&&）的优先级，and（&&）的优先级高于 or（||）的优先级。

3）将优先级按从高到低排序并汇总起来就是：! 高于 not 高于 && 高于 and 高于 || 高于 or。

1.4 继续改进命令行参数

1.3 节中，我们对参数的假设是过于严苛的，目的是降低代码的复杂程度。

不同的选项可能有不同数量的参数值，有的只有一个，有的可能有多个。之前也提到过，我们有意不支持开关类（只有选项，而没有对应的参数值）的选项。

本节，我们的目标是：

1）根据每个选项的不同要求，合理地存储每个选项的参数值。

2）重复的选项被视为错误。

3）如果用户输入了错误的参数，程序会输出相应的提示信息，并提前结束程序。

下面我们看看实际代码：

代码 1-3 ch01/read_argument_v3.pl

```perl
1 #!/usr/local/bin/perl
2
3 my %rule_of_opt = (
4   '-s' => {
5             'perl_type' => 'scalar',
6          },
7   '-a' => {
8             'perl_type' => 'array',
9          }
10 );
11
12 my ($opt, %value_of_opt) ;
13 for my $arg ( @ARGV ) {
14   if ( $arg =~ /^-/ ) {
15     $opt = $arg;
16     if ( exists $value_of_opt{$opt} ) {
17       print "Repeated option: $arg\n";
18       exit 1;
19     }
20     else {
21       @{ $value_of_opt{$opt} } = ();
22     }
23   }
24   elsif ( defined $opt ) {
25     push @{ $value_of_opt{$opt} }, $arg;
26   }
27   else {
28     print "Un-support option: $arg\n";
29     exit 1;
30   }
31 }
32
33 for my $opt ( keys %value_of_opt ) {
34   if ( exists $rule_of_opt{$opt} ) {
35     if ( ${$rule_of_opt{$opt}}{'perl_type'} eq 'scalar') {
36       if ( @{ $value_of_opt{$opt} } != 1 ) {
```

```
37          print "Error: only one parameter is expected to '$opt'\n";
38          exit 1;
39        }
40      }
41      elsif ( ${$rule_of_opt{$opt}}{'perl_type'} eq 'array') {
42        if ( @{ $value_of_opt{$opt} } < 1 ) {
43          print "Error: one or more parameter is expected to '$opt'\n";
44          exit 1;
45        }
46      }
47      else {
48        print "Error: unknown 'perl_type' of '$opt'\n";
49        exit 1;
50      }
51    }
52    else {
53      print "Un-support option: '$opt'\n";
54      exit 1;
55    }
56 }
57
58 for my $opt ( keys %value_of_opt ) {
59   print "$opt =>";
60   for my $pv ( @{ $value_of_opt{$opt} } ) {
61     print " $pv";
62   }
63   print "\n";
64 }
65
66 exit 0;
```

这个程序分成 4 个部分：第 1 部分定义散列来描述选项的规则。第 2 部分读取命令行参数。第 3 部分根据规则检查命令行参数所在的散列。第 4 部分输出命令行参数。

第 3～10 行，我们声明并初始化了一个散列 %rule_of_opt。它有两个键 -s 和 -a，每个键对应的不是单纯的标量，而是一个嵌套的散列结构，由于这个散列结构没有明确的名称，我们也称它为匿名散列。这两个匿名散列各有一个键 perl_type，且分别对应了一个字符串，分别是 scalar 和 array。

第 13～31 行是一个 for 循环结构，它从 @ARGV 依次读取参数，把参数值赋值给标量 $arg。

第 14 ~ 23 行的 if 分支，来判断 $arg 的类别。如果 $arg 是以短划线开头，紧跟数字、字母、下划线的任意组合，那么就认为 $arg 是一个选项，并赋值给另一个标量（$opt）存储。

第 16 行中的 exists 判断某个键是否存在于散列中。如果 $key 是散列 %one_hash 的一个键，则 exists $one_hash{$key} 返回真，否则返回假。如果第 16 行的 $opt 此前已经存在于 %value_of_opt 中，则表明现在是第 2 次读取了，重复的选项是一种错误。

第 21 行，@{ $value_of_opt{$opt} } 是一个数组，还记得我们之前介绍的 Perl 三种变量的起始字符吗？ @ 开头的是数组，$value_of_opt{$opt} 是散列 %value_of_opt 中的键 $opt 之所指。所以 @{ $value_of_opt{$opt} } 就是散列 %value_of_opt 中的键 $opt 指向的一个数组。我们把这个数组初始化成一个空的数组。

第 24 ~ 26 行，defined 函数根据变量是否有值返回真假，如果有值，则返回真，否则返回假。如果 $arg 不符合第 14 行的 if 的条件要求，那么来到了 elsif 分支，此时需要判断，此前是否已经定义该选项了。如果已经定义，则把当前的 $arg 添加到该数组 @{ $value_of_opt{$opt} } 的尾部。

第 27 ~ 30 行，如果上述两个分支判断都失败，则来到了这个 else 分支，输出错信息，并终止程序，返回状态 1。什么情况下，会执行到这个分支呢？是的，可能你也想到了，就是程序的第一个参数不是选项时。例如：

```
./read_argument_v3.pl non-option -a something
```

程序会输出：

```
Un-support option: non-option
```

第 33 ~ 56 行，遍历并检查已经存储在散列 %value_of_opt 中的选项和对应的参数值。在这个 for 循环中，包含了 3 层 if/else 判断。

第 34 行，判断选项（$opt）是否存在于散列 %rule_of_opt。如果不存在，就来到了第 52 ～ 55 行，输出信息，然后结束程序。如果存在，则继续下一层的判断。

第 35 ～ 50 行，判断散列 %rule_of_opt 中的键 $opt，所对应的 perl_type 是 scalar 还是 array。如果都不是，则来到了 47 ～ 50 行，输出信息，然后结束程序。eq 操作符用于比对字符串，如果左右两边的字符串相同，则返回"真"，否则返回"假"。

第 35 ～ 40 行，处理 ${$rule_of_opt{$opt}}{'perl_type'} 等于 scalar 的情形。处在 if 的条件中的 @{ $value_of_opt{$opt} } != 1(见第 36 行) 是 Perl 特有的灵活语法。"!="是"不等于"的意思，它造就了一个"标量环境"，即假设左右两边都是标量。那么处在标量环境中的数组，意味着什么呢？它的意义很直观，就是该数组的元素数量。如果数组 @{ $value_of_opt{$opt} } 的元素的个数不等于 1，则此表达式返回"真"，否则返回"假"。

第 41 ～ 46 行，处理 ${$rule_of_opt{$opt}}{'perl_type'} 等于 array 的情形，检查此数组的元素数量，如果元素数量小于 1，则被认为不符合程序规则，输出提示信息，然后终止程序。

第 58 ～ 64 行，输出所有选项和对应的参数值。

第 66 行，是程序的末尾，显式地结束程序，并设置返回值为 0（零）。

下面将详细介绍本实例中出现的数据结构：数组的散列，散列的散列。

1.4.1 数组的散列

基本的散列如下：

```
%basic_hash = (
  "keyA" => "valueA",
  "keyB" => "valueB",
);
```

数组的散列则如下：

```
%array_of = (
  "keyA" => ["a1", "a2", …],
  "keyB" => ["b1", "b2", …],
);
```

散列的每一个键指向的不再是单一的标量，而是一个数组。这个数组（不带标志符 @）的名称是 $array_of{key}，完整的（带标志符 @ 的）名称是 @$array_of{key}，这样编写，Perl 就知道这是一个散列的键指向的数组。为了使查看代码时更明确，我们可以加上一组不改变其意义的 {}，甚至添加空格，如 @{ $array_of{key} }，这样更清晰一些。那么就可以像普通数组一样取用该数组的元素，如 ${ $array_of{key} }[0]。

代码 1-3 中，为了初始化此数组使用以下代码（第 21 行）：

```
@{ $value_of_opt{$opt} } = ();
```

就像初始化普通数组一样。如果想要在初始化散列时就设置这些数组的元素，那么我们可以这么写：

```
%array_of = (
  "keyA" => ["A1", "A2",],
);
```

此处的中括号表示一个匿名数组的引用，$array_of{"keyA"} 实际上是一个指向右侧匿名数组的引用。有关引用的详细知识，会在后续章节进行介绍。

1.4.2 散列的散列

散列的散列：

```
%hash_of = (
  "keyA" => { "k1" => "valueA1",
              "k2" => "valueA2",
            },
  "keyB" => { "k1" => "valueB1",
              "k2" => "valueB2",
            },
);
```

$hash_of{"keyA"} 指向一个散列，这种用法与数组的散列类似，此时 $hash_of{"keyA"} 是散列名（不带标志符 %），完整的散列名是 %{ $hash_of{"keyA"} }，除了名称有点复杂以外，其余用法与普通散列一样。要取用此散列的值，使用 ${ $hash_of{"keyA"} }{"k1"} = "valueA1"。同理，如果你不会混淆，也可以写为 $$hash_of{"keyA"}{"k1"}

散列和数组都可以依照以上规则进行任意深度的嵌套。

1.5   完成命令行参数

Perl 程序没有类似 C 语言的 main（"主"）函数，Perl 程序中，一开始就可视为主函数。1.4 节，我们使用几十行代码（见代码 1-3），处理了命令行参数。在程序结构上，代码 1-3 是值得改进的。Perl 提供了子例程（subroutine），类似其他语言中的函数。本节，我们就把 1.4 节的实例，改造成子例程的实现方式，看看代码结构是不是更清晰了。

代码 1-4   ch01/read_argument_v4.pl

```perl
1 #!/usr/local/bin/perl
2
3 my %rule_of_opt = (
4   '-s' => {
5           'perl_type' => 'scalar',
6           },
7   '-a' => {
8           'perl_type' => 'array',
9           }
10 );
11 my (%value_of_opt) ;
12 handle_argv( \@ARGV, \%rule_of_opt, \%value_of_opt );
13 print_argv( \%value_of_opt );
14
15 exit 0;
16
17 ### sub
18
19 sub print_and_exit {
```

```
20    print @_, "\n";
21    exit 1;
22  } # print_and_exit
23
24  sub read_argv {
25    my ($aref, $hv) = @_;
26    my ($opt);
27    for my $arg ( @$aref ) {
28      if ( $arg =~ /^-/ ) {
29        $opt = $arg;
30        if ( exists $hv->{$opt} ) {
31          print_and_exit( "Repeated option: $arg" );
32        }
33        else {
34          @{ $hv->{$opt} } = ();
35        }
36      }
37      elsif ( defined $opt ) {
38        push @{ $hv->{$opt} }, $arg;
39      }
40      else {
41        print_and_exit( "Un-support option: $arg" );
42      }
43    }
44  } # read_argv
45
46  sub check_argv_perl_type {
47    my ($hr, $hv) = @_;
48    for my $opt ( keys %$hv ) {
49      if ( exists $hr->{$opt} ) {
50        if ( ${$hr->{$opt}}{'perl_type'} eq 'scalar') {
51          if ( @{ $hv->{$opt} } != 1 ) {
52            print_and_exit( "Error: only one parameter is expected to '$opt'" );
53          }
54        }
55        elsif ( ${$hr->{$opt}}{'perl_type'} eq 'array') {
56          if ( @{ $hv->{$opt} } < 1 ) {
57            print_and_exit( "Error: one or more parameter is expected to '$opt'" );
58          }
59        }
60        else {
61          print_and_exit( "Error: unknown 'perl_type' of '$opt'" );
62        }
63      }
64      else {
65        print_and_exit( "Un-support option: '$opt'" );
66      }
67    }
```

```
68 } # check_argv_perl_type
69
70 sub handle_argv {
71    my ($aref, $hr, $hv) = @_;
72    read_argv($aref, $hv);
73    check_argv_perl_type($hr, $hv);
74 } # handle_argv
75
76 sub print_argv {
77    my ($hv) = @_;
78    for my $opt ( keys %$hv ) {
79      print "$opt =>";
80      for my $pv ( @{ $hv->{$opt} } ) {
81        print " $pv";
82      }
83      print "\n";
84    }
85 } # print_argv
```

如果我们这样执行：

```
./read_argument_v4.pl -s a1 -a b1 b2 b3
```

那么输出如下所示：（也许你得到的两行输出的上下次序不同）

```
-s => a1
-a => b1 b2 b3
```

如果我们这样执行：

```
./read_argument_v4.pl -s a1 a2 -a b1 b2 b3
```

那么输出如下所示：

```
Error: only one parameter is expected to '-s'
```

我们制作了 5 个子例程，这使整个程序的结构更加简洁清晰。代码 1-4 的功能与代码 1-3 的功能完全一样。子例程 handle_argv 调用了两个子例程 read_argv 和 check_argv_perl_type。子例程 read_argv 负责读取参数，子例程 check_argv_perl_type 负责检查参数的类型。子例程 print_and_exit 只输出错误信息，然后退出程序。

输出参数也由子例程 print_argv 完成。

命令行参数都存储在 @{ $value_of_opt{$opt} } 数组中。

子例程中的代码的基本结构与代码 1-3 中的一样，代码也几乎一样，不同点是 rule_of_opt 都变成了 $hr->，value_of_opt 都变成了 $ha->，@ARGV 都变成了 @$aref。

第 12 行，我们调用了子例程 handle_argv，并向其传递了 3 个参数（\@ARGV、\%rule_of_opt 和 \%value_of_opt），这三个参数都是变量名之前有一个反斜杠 "\"，这表示一个指向其后内容的引用。引用可视为指向某块内容的内存地址。

之后两节，我们将分别介绍引用和子例程，也包含 @_。

1.5.1 引用

引用（reference）是一种标量，相当于 C 语言中的指针，使用起来比指针更方便、更安全。在大多数情况下，引用可以视为内存中的地址。引用可以指向任何数据类型，包括标量、数组或者散列等，还可以指向子例程。

要创建引用，使用反斜杠 "\"。

```
$sref = \$str;
$aref = \@ARGV;
$href = \%ENV;
```

要解析引用，根据引用所指向的数据类型，使用对应的符号，如下所示：

```
$$sref   (即 $str)
@$aref   (即 @ARGV)
%$href   (即 %ENV)
```

可以自行使用大括号，增强可读性，如 @{$aref}。

"引用" 本质上是一个标量，它引用（或指向）其他数据结构的初始地址。在调用子例程时，通常使用引用来传递复杂的数据结构，节省需要复制的数据量。

现在补充更多的有关引用的细节。

代码 1-5   ch01/ch1_ref.pl

```perl
 1 #!/usr/local/bin/perl
 2
 3 # Scalar
 4 my $str = "hello" ;
 5 my $sref = \$str ;
 6 $$sref = "HELLO" ;
 7 print $$sref, "\n";
 8
 9 # Array
10 my @lines = ( "a", "b", "c" ) ;
11 my $aref = \@lines ;
12 for my $str ( @$aref ) {
13   print $str, "\n";
14 }
15 push @$aref, "d";
16 $aref->[0] = "A";
17 for my $str ( @$aref ) {
18   print $str, "\n";
19 }
20
21 # Hash
22 my %cof = (
23   'China' => 'Beijing',
24   'England' => 'London',
25   'Japan' => 'Tokyo',
26 );
27 my $href = \%cof ;
28 for my $k ( keys %$href ) {
29   print "$k : $href->{$k}\n" ;
30 }
31 $href->{'USA'} = 'WDC' ;
32 for my $k ( keys %$href ) {
33   print "$k : $href->{$k}\n" ;
34 }
35
36 exit 0;
```

运行后输出：

```
HELLO
a
b
c
```

```
A
b
c
d
Japan : Tokyo
England : London
China : Beijing
USA : WDC
England : London
China : Beijing
Japan : Tokyo
```

上面的程序分成了 3 段，分别示范了 3 类变量（标量、数组和散列）以及对应的引用。后面我们简称此类"指向某种变量的引用"为"引用"。要创建引用，需要在变量之前增添一个反斜杠（\）。要通过引用来获取变量本身，需要在引用之前增添一个与变量类型对应的符号（标量用 $，数组用 @，散列用 %）。要通过引用来获取数组或散列的某个元素，需要在引用后面紧跟 ->（短划线紧跟大于符号），然后是 []（数组）或者 {}（散列）。

1.5.2　子例程

子例程就像其他语言中的函数，是可以被调用的一组代码。它可以使程序更凝练，即便是只执行一次的子例程也可以使程序结构更清晰，方便阅读或者修改。

子例程由关键字 sub 定义。最常用的定义方式是，由关键字 sub 开始，后面是子例程的名称，最后是大括号包围的子例程代码。

```
sub sub_name {
  <code here>
}
```

调用子例程时，一般采用如下形式：

```
sub_name(parameters);
```

子例程可以在程序的任意位置定义，本书中，一般将子例程定义放在程序主体的尾部，即在 exit 语句之后。这样的优点是读者一打开程序，就能看到程序的主体结构，不会陷入许多子例程的细节中。

子例程每次被调用时，都有一个专属的数组 @_（@ 符号后面紧跟下划线），它会存储某次调用时被传入的参数。它除了名称特殊以外，用法与其他普通数组一样。

```
sub print_by_line {
  for my $str (@_) {
    print $str, "\n";
  }
}
print_by_line("a", "b", "c");
```

运行上述代码会输出：

```
a
b
c
```

子例程的返回值通常是代码块中最后一句语句的返回值，我们一般不依赖这个特性，而会在代码块最后写上 return 语句来显式地返回某个值，该值既可以是一个标量，也可以是一个列表（数组）。如果仅写 return，则返回未定义（undef）值。当然，在代码块的其他位置也可以使用 return。

传递给子例程的参数是按值传递的，即复制了一份参数值。

```
my $num = 2;
sub times_three {
  $_[0] = $_[0] * 3;
  print "value: $_[0]\n";
}
times_three($num);
print "num is: $num\n";
```

运行上述代码会输出：

```
value: 6
num is: 2
```

如果传递的参数是引用，虽然引用也被复制了一份，但是引用相当于内存中的地址，所以对引用的操作，会改变其指向的变量。

子例程的参数如果包含多个数，那么子例程实际获得的参数是这些数组合并组成的一个列表。

```
sub add_all {
  my $sum = 0;
  for my $n ( @_ ) {
    $sum = $sum + $n;
  }
  return $sum;
}
my @nums_1 = (1, 2, 3);
my @nums_2 = (4, 5);
my @nums_3 = (6, 7);
add_all( @nums_1, @nums_2, @nums_3 );
```

add_all 获得的参数是依次排列的三个数组，相当于一个有 7 个元素的列表再传入 @_ 数组。

子例程也支持递归调用。

1.5.3　模块

1.5.2 节中实现了几个处理命令行参数的子例程。可以预见的是，之后还会编写不同的程序，也会用到这些子例程。这些子例程如何共享给其他程序使用呢？Perl 提供了模块（module），使得不同的程序可以共用某段代码。一个模块一般是一个文件，或者以一个文件作为接口的多个文件组成。文件名就是模块名，文件名的后缀是 .pm（Perl Module）。

我们把代码 1-4 中的子例程做成模块。模块名可取为 My_perl_module_v1，依照 Perl 的惯例，模块名的首字母是大写字母。

代码 1-6　perl_module/My_perl_module_v1.pm

```
1 package My_perl_module_v1;
2
3 sub print_and_exit {
6 } # print_and_exit
7
8 sub read_argv {
...
```

```
28 } # read_argv
29
30 sub check_argv_perl_type {
...
52 } # check_argv_perl_type
53
54 sub Handle_argv {
...
58 } # Handle_argv
59
60 1;
```

我们把代码 1-4 中的 4 个子例程代码（除了输出参数的子例程 print_argv），原封不动地复制到新的文件 My_perl_module_v1.pm，然后在第一行写上 package My_perl_module_v1，这表示把这个文件打包成模块 My_perl_module_v1，这个模块名必须与文件名完全一致。在文件的结束位置，添加一行 1;（数字 1），表示整个文件的返回状态，这是 Perl 的语法要求。好了，只添加了两行代码，一个模块就已经完成制作。最后，为了区别于在程序中定义的子例程，我们把将被程序直接调用的子例程 handle_argv 改为首字母大写的形式 Handle_argv，以区别于在（主）程序内部定义的子例程。

首先，需要告诉程序，我们的模块（文件）的位置。有一种方法，是把这个模块文件，放在 Perl 程序默认会搜寻模块的位置。如果我们在命令行中执行：

```
perl -e "use something"
```

然后程序会告诉我们，找不到这个叫作 "something" 的模块，那么，它曾经找过哪些位置呢？它会告诉我们：

```
Can't locate something.pm in @INC (you may need to install the something module) (@
   INC contains: /usr/local/Cellar/perl/5.28.0/lib/perl5/site_perl/5.28.0/darwin-
   thread-multi-2level /usr/local/Cellar/perl/5.28.0/lib/perl5/site_perl/5.28.0 /usr/
   local/Cellar/perl/5.28.0/lib/perl5/5.28.0/darwin-thread-multi-2level /usr/local/
   Cellar/perl/5.28.0/lib/perl5/5.28.0 /usr/local/lib/perl5/site_perl/5.28.0/darwin-
   thread-multi-2level /usr/local/lib/perl5/site_perl/5.28.0) at -e line 1.
```

数组 @INC 包含了程序会寻找模块的位置，如果我们把 My_perl_module_v1.pm 放到其中任意一个位置，那么我们就可以像使用内建的模块一样使用 My_perl_ module_v1 了：

```
use My_perl_module_v1;
```

不过，更常见的是另一种方法——使用一个专门的路径，放置自制的 Perl 模块。比如 ../perl_module/My_perl_module_v1.pm。那么我们的用法如代码 1-7 所示。

代码 1-7　ch01/read_argument_v5.pl

```
 1 #!/usr/local/bin/perl
 2
 3 use lib "../perl_module";
 4 use My_perl_module_v1;
 5
 6 my %rule_of_opt = (
 7   '-s' => {
 8           'perl_type' => 'scalar',
 9           },
10   '-a' => {
11           'perl_type' => 'array',
12         }
13 );
14 my (%value_of_opt) ;
15 My_perl_module_v1::Handle_argv( \@ARGV, \%rule_of_opt, \%value_of_opt );
16 print_argv( \%value_of_opt );
17
18 exit 0;
19 ### sub
20 sub print_argv {
（此处省略了多行）
29 } # print_argv
```

第 3 行，use lib <directory> 语句告诉程序自制模块所在的目录。

第 4 行，use <module_name> 语句使用模块。

第 15 行，调用模块中定义的子例程，使用 <module_name>::<sub_route> 形式完成此操作，请注意，中间有两个冒号。后面的参数列表与非模块形式一样。

好了，我们完成了最简的模块复用。运行代码 1-7，其结果与代码 1-4 的结果一致。

这样仍然有一些不便利，就是每次调用某个子例程时，需要输入模块名和两个冒号。能不能省略呢？答案是可以的。我们制作第二个模块，叫作 My_perl_module_v2.pm。

代码 1-8   perl_module/My_perl_module_v2.pm

```
1 package My_perl_module_v2;
2
3 use parent qw(Exporter);
4 our @EXPORT = qw(Handle_argv);
```

第 4 行后面省略的内容与 My_perl_module_v1.pm（代码 1-6）一样。

第 1 行，模块的名称为 My_perl_module_v2。

第 3 行，使用了一个 pragma（某类特殊模块）: parent。qw(Exporter) 是一个列表。使 parent 模块中的 Exporter 在当前程序（My_perl_module_v2.pm）中生效。更详细的内容，请参见 9.3.3 节。

第 4 行，使用指令 our 声明了一个数组 @EXPORT，这个数组的名字是固定的，即 @EXPORT。our 类似于 my，也是声明变量，更多详情请参见 9.2.9 节。这个数组的元素就是本模块对外的"出口"，也就是说，它使调用本模块的程序可以见到 Handle_argv，而不必显式地调用 My_perl_module_v2::Handle_argv。于是，我们的程序可以如代码 1-9 所示调用这个模块中的子例程了。

代码 1-9   ch01/read_argument_v6.pl

```
 1 #!/usr/local/bin/perl
 2
 3 use lib "../perl_module";
 4 use My_perl_module_v2;
 5
 6 my %rule_of_opt = (
 7  '-s' => {
 8          'perl_type' => 'scalar',
 9         },
10  '-a' => {
11          'perl_type' => 'array',
```

```
12           }
13 );
14 my (%value_of_opt) ;
15 Handle_argv( \@ARGV, \%rule_of_opt, \%value_of_opt );
16 print_argv( \%value_of_opt );
17
18 exit 0;
19 ### sub
20 sub print_argv {
(此处省略了多行)
29 } # print_argv
```

第 4 行，换了一个模块名 My_perl_module_v2。

第 15 行，直接调用模块 My_perl_module_v2 中的子例程 Handle_argv，就像这个子例程是在本程序中定义的那样。

第 2 章

与操作系统交互

大部分程序都需要与其所在的环境（通常是操作系统）进行数据交互，Perl 也不例外。常见的交互方式，包括对文件、目录的操作和执行操作系统的命令等。本章将依次介绍这些内容。

2.1 识别文件或目录

文件在 Perl 程序中的表示与在操作系统中的一样，类似 " /home/joy/a.txt"" ../ b.txt" 和 " c.txt" 等这样的字符串。文件名之前可以有绝对路径或者相对路径，如果没有路径，则默认是当前（运行 Perl 程序的）路径。

在处理文件之前，我们需要先识别文件。Perl 提供了一些文件（包括目录）测试操作符，它们中的大部分会返回 "真" 或 "假"。例如：

```
my $to_check = "/tmp/a";
if ( -e $to_check ) {
  print "file or directory $to_check exists.\n";
}
else {
  print "file or directory $to_check does not exist.\n";
}
```

-e 测试操作符的含义是：如果文件或目录是存在的，那么该测试返回 "真"，否则返回 "假"。

常用的文件测试操作符，如表 2-1 所示。

表 2-1　文件测试操作符

操作符	含义（如果满足以下条件则返回"真"，否则返回"假"）
-r	是文件或目录，并且对当前用户是可读的
-w	是文件或目录，并且对当前用户是可写的
-x	是文件或目录，并且对当前用户是可执行的
-e	是文件或目录，并且是存在的
-f	是文件，而不是目录
-d	是目录
-l（L 的小写）	是符号链接

请注意，-f 返回真时，测试对象可能是普通文件，也可能是指向其他文件的符号链接。如果想要确保被测试的对象只是普通文件，而不是符号链接，则需要使用：

```
if ( -f $file and ! -l $file ) {
  print "$file is file, not link\n";
}
```

还有一个常用的测试操作符 -s。如果被测对象是普通文件，它会返回文件的大小，以字节（byte）为单位。这常用于我们挑选某类大小的文件，或者累计文件的大小。

```
if ( -s $file > 500,000,000 ) {
  print "$file is larger than 500M\n";
}
```

2.2　读取文件

要读取文件，可以使用 open 函数。本书所说的文件，是纯文本文件，而不是二进制文件。先看一个实例：

代码 2-1　ch02/open_file.pl

```
1 #!/usr/local/bin/perl
2
3 open my $fh_input, '<', "./open_file.pl" or die "read file failed: $!";
4 while ( my $line = <$fh_input> ) {
5   print $line ;
6 }
```

```
7 close $fh_input or die "close file failed: $!";
8
9 exit 0;
```

请执行一下该程序：

```
./open file.pl
```

它将输出整个程序的内容。现在我们逐行说明一下。

第 3 行，open 打开一个文件，并绑定到一个文件句柄（handle），供后续操作使用。文件句柄可理解为指向该文件的内容被读进内存的地址，在这行结束后，这个文件句柄（即 $fh_input）指向文本内容的初始位置，即第 1 行的第 1 个字符之前的位置。这行语句分成几个部分，open 是命令本身，my $fh_input 声明了一个局部标量，$fh_input 作为文件句柄，< 表示后面的文件是作为输入文件被读取（只读）的，./open_file.pl 即被读取的文件的文件名，它恰好是程序本身。后面还有 or die "…"，or 是逻辑操作符，它的意义是在左右两个表达式有一个为"真"时，整个表达式的值为"真"；左右两个表达式全为"假"时，整个表达式的值为"假"。Perl 中的逻辑操作符都有一个特点，当部分表达式的值已经可以决定整个表达式的值时，不必查看或执行剩余表达式了。我们看一下这个 open 语句，它在 or 操作符的左侧作为左侧表达式，当 open 语句成功时，这个左侧表达式为"真"，那么无论 or 右侧的表达式是何值，这整个表达式的值都是"真"，所以 or 右侧的表达式 die 函数不会被执行。只有当 open 语句失败，返回"假"时，die 函数才会执行。die 函数的功能就是输出字符串，然后结束程序。这正是我们想要的，因为多数情况下，一旦读取文件失败，那么后面的代码将失去意义，退出程序并检查代码是更好的选择。$! 是一个内建的标量，它会保留最后（最近）一个系统调用所产生的错误信息。如果我们把第 3 行的文件名修改为一个不存在的文件（如 abc.pl），那么我们可以看到输出：

```
read file failed: No such file or directory at ./abc.pl line 3.
```

你可以试验一下，去掉 or die…部分，再读取一个不存在的文件，看看结果。

第 4 ~ 6 行，是一个 while 循环结构。它与 for 类似，my $line 声明了一个局部

变量 $line，仅在这个 while 循环结构中有效。while 后面是循环的条件，每次循环时，<> 操作符会从相关的文件句柄中读取一行，然后赋值给 $line。直到文件的最后一行被读取，该条件都为真。在最后一行被读取之后，再次循环时，<> 就读取不到任何内容了，即为空，那么在条件判断中表现为"假"，本次循环体不会被执行，循环结束。你可能会担心，my 语句在循环的条件中，会不会每次循环时都声明一次局部变量。事实上 Perl 只会声明一次，但赋值是每次都会执行的，请放心。这里你可能注意到了，$line 是包含换行符的。所以在输出时，不必额外指定 "\n"。

第 7 行，close 是关闭文件句柄的命令。它一般与 open 成对出现，且出现在 open 之后。在此句 close 之后文件句柄 $fh_input 不再有效。这里也同样使用了 or die "…" 的用法。

2.3 写入文件

要写入文件，也可以使用 open 函数，只不过符号由 < 变成了 >，这些符号都借鉴自 shell。

代码 2-2　ch02/write_file.pl

```
1 #!/usr/local/bin/perl
2
3 open my $fh_output, '>', "write_file.txt";
4 print $fh_output "This is an example\n";
5 close $fh_output;
6
7 exit 0;
```

最常用的输出函数是 print，紧跟 print 的是输出文件的句柄（即 $fh_output），然后是输出的内容。

请注意，> 符号的含义与 shell 命令行中的含义类似，如果文件不存在，Perl 会自动创建该文件；如果文件已经存在，那么文件的内容会被清空，然后等待后续的 print 输入。

代码 2-2 的程序运行完成以后，会生成一个文件 write_file.txt，里面只有一行内容：

```
This is an example
```

如果你需要补充内容到已经存在的文件尾部，那么可以使用 >> 符号。

如果你需要具有格式的输出，比如列对齐，或者对有理数的小数部分进行截断，那么可以使用 printf：

```
printf "%s is around %.4f\n", "Pi", "3.14159";
```

上述代码输出：

```
Pi is around 3.1416
```

printf 函数的参数包括格式字符串（"%s is around %.4f\n"）和数据列表（"Pi"，"3.14159"）。在格式字符串中，会有一些以 % 开头的格式定义符。定义符的意义如下表 2-2 所示。

表 2-2　格式定义符 1

格式定义符	含　　义
%s	字符串
%d	整数
%f	有理数
%g	自动处理整数、有理数和指数形式（3.0e+8）

为了更精确地控制输出格式，我们还可以在 % 后面增加数字和正负号，如表 2-3 所示。

表 2-3　格式定义符 2

格式定义符	含　　义
%[+-][m]s	指定了字符串所占宽度 m。如果 m 左侧没有 "-" 号，字符串会右对齐，即在宽度不足时，补足空格。如果 m 左侧有 "-" 号，字符串会左对齐
%[+-][m[.n]]f	指定了有理数的总宽度（含小数点，如果有的话）m。如果 m 左侧没有 "-" 号，字符串会右对齐。".n" 表示小数部分的位数

与 print 函数类似，如果在 printf 后面指定文件句柄，就可以把带格式的内容输出到文件了。

如果需要输出 % 本身，则需要写两个 %，即"%%"。

2.4　读取目录

要读取目录，可以使用 opendir 函数，即取得那个目录下的所有文件和子目录，但是并不嵌套读取子目录内的内容。请看代码 2-3。

代码 2-3　ch02/read_dir.pl

```
 1 #!/usr/local/bin/perl
 2
 3 opendir my $dh, "." or die "Error: read directory failed.";
 4 my @filedirs = readdir $dh;
 5 closedir $dh or die "Error: close directory failed.";
 6
 7 for my $f ( @filedirs ) {
 8   print $f, "\n";
 9 }
10
11 exit 0;
```

由于 opendir 只是用来读取目录的语句，因此不需要 < 这样的符号。

代码 2-3 会列出当前目录下的所有文件和目录，包括"."（当前目录）和".."（当前目录的上级目录）。$dh 是一个目录句柄，readdir 命令可以读取该目录句柄中的所有内容，即含有的所有文件和子目录，不包括子目录所包含的内容。

2.5　创建目录

要创建目录，可以使用 mkdir 函数，它与 Linux 的命令 mkdir 同名，功能也一样，但不是相同的程序。mkdir 的用法很简单：

```
mkdir dir_name[, mask]
```

如果省略 mask 掩码，则 mkdir 会使用 shell 默认的掩码，通常是 755，也就是生成的目录具有 755 的属性。请注意以下两点：

1）这个默认掩码与 shell 中的 umask 的意义是互补的，而不是相同的。

2）这个默认掩码是二进制数，所以需要前置一个 0（零），例如 mkdir dir, 0755。

如果目录创建成功，则会返回"真"，否则返回"假"。所以也可以使用 or die 组合。

如果我们要在一个不存在的目录下创建文件，首先需要创建目录，open 并不会自动创建所需的目录。另外 mkdir 也需要逐级创建目录。如果 dir1 不存在，那么 mkdir "dir1/dir2" 是会失败的。

如果需要创建的目录已经存在，那么该函数就不再创建了，同时返回"假"。

2.6　执行操作系统命令

为了运行操作系统提供的命令，我们常常使用 system 函数：

```
system "ls", "/tmp";
```

或者

```
system("ls /tmp");
```

system 函数会开启一个子进程，在该子进程上运行" ls /tmp"命令，该子进程继承了当前 Perl 程序（称为父进程）的标准输入、标准输出和标准错误等句柄。也就是说，"ls /tmp"的输出会出现当前 Perl 程序的标准输出或标准错误。

通常，Perl 程序会等 system 函数结束，然后返回 system 中的命令的返回值，返回值一般是该命令的属性（这不是由 Perl 决定的）。大多数 Linux 命令在成功时会返回 0，失败时返回一个非 0 值。如果你需要根据 system 的返回值做决定，那么建议你在使用之前测试一下命令的返回值，如：

```
$re = system("…");
print "return value is: $re\n";
```

2.7　获取系统命令的输出

有时，我们更想知道执行了一个 Linux 命令所得到的结果（输出）。我们使用两个反引号（`）包围命令本身即可：

```
my $user = `whoami` ;
```

命令的输出通常都会在字符串后面带一个回车，除非此系统命令没有输出任何字符。

2.8　获取和设置环境变量

有时，我们在运行 EDA 软件时，需要提前设置或更改一些环境变量。Perl 提供了一个内建的散列 %ENV，可以获取或设置变量：

```
print "\$USER: $ENV{'USER'}\n";
print "\$PATH: $ENV{'PATH'}\n";
$ENV{'some_env'} = some_value;
```

这些环境变量的改变仅在本程序内有效，当然也对继承该进程的命令有效，比如 system 或者反引号运行的命令。在 Perl 程序结束以后，操作系统的环境变量依旧保持 Perl 程序运行之前的样子。

2.9　读取命令行参数

本章的最后，我们结合之前的内容，考虑一下继续改进之前制作的模块。

命令行参数常常会有文件或者目录作为输入或输出。即便我们可以在程序执行到 open 函数时再判断文件是否存在，但是那可能已经浪费了时间在执行此前的部分程序中。最好的处理方式是，在一开始接收命令行参数时，就严格检查它是否符合我们的预期。

类似于检查类型（是标量还是数组）的子例程 check_argv_type，我们也可以制作一个子例程来检查文件目录的属性。当然，我们也需要预先在散列 %rule_of_opt 中定义：

```
my %rule_of_opt = (
  '-s' => {
            'perl_type' => 'scalar',
            'data_type' => 'inputfile',
          },
  '-a' => {
            'type' => 'array',
          }
);
```

代码 2-4 是子例程，请注意，行首的序号不是 pm 文件中的行号。

代码 2-4   perl_module/My_perl_module_v3.pm（局部）

```
1 sub check_argv_data_type {
2   my ($hr, $hv) = @_;
3   for my $opt ( keys %$hv ) {
4     if ( exists $hr->{$opt} ) {
5       if ( ! exists $hr->{$opt}{'data_type'} ) {
6         next;
7       }
8
9       if ( $hr->{$opt}{'data type'} eq 'inputfile') {
10        for my $arg ( @{ $hv->{$opt} } ) {
11          if ( ! (-f $arg and -s $arg) ) {
12            print_and_exit( "Error: input file is expected to '$opt': $arg" );
13          }
14        }
15      }
16      elsif ( $hr->{$opt}{'data_type'} eq 'inputdir') {
17        for my $arg ( @{ $hv->{$opt} } ) {
18          if ( ! -d $arg ) {
19            print_and_exit( "Error: directory is expected to '$opt': $arg" );
20          }
21        }
22      }
```

```
23      }
24      else {
25        print_and_exit( "Un-support option: '$opt'" );
26      }
27    }
28  } # check_argv_data_type
```

代码 2-4 的大体结构与 check_argv_perl_type 的结构近似。

第 5 ～ 7 行，如果散列 %rule_of_opt 中的某个选项没有 'data_type'，那么直接结束本次 for 循环。

第 9 ～ 15 行，如果散列 %rule_of_opt 中的某个选项有 'data_type'，并且它对应的值是 'inputfile'，那么我们通过一个 for 循环检查该选项对应的所有参数值。

第 11 行，是一个组合逻辑的判断，如果参数值不符合文件的要求（-f $arg and -s $arg），那么执行子例程 print_and_exit，输出错误信息，并结束程序。

第 16 ～ 22 行，与第 9 ～ 15 行代码类似。如果参数值不是目录，那么不符合要求，会输出错误信息，然后退出程序。

完成这个子例程之后，可以更新我们的模块了。

代码 2-5　perl_module/My_perl_module_v3.pm

```
 1 package My_perl_module_v3;
 2
 3 use parent qw(Exporter);
 4 our @EXPORT = qw(Handle_argv print_and_exit);
 5
 6 sub print_and_exit {
 9 } # print_and_exit
10
11 sub read_argv {
...
31 } # read_argv
32
33 sub check_argv_perl_type {
...
55 } # check_argv_perl_type
56
```

```
57 sub combine_scalar {
...
66 } # combine_scalar
67
68 sub check_argv_data_type {
...
93 } # check_argv_data_type
94
95 sub Handle_argv {
96    my ($aref, $hr, $hv) = @_;
97    read_argv($aref, $hv);
98    check_argv_perl_type($hr, $hv);
99    check_argv_data_type($hr, $hv);
100    combine_scalar($hr, $hv);
101 } # Handle_argv
102
103 1;
```

除了增加子例程 check_argv_data_type 以外，我们还需要在第 99 行增加调用它的语句。

你可以参照前面的例子，试试这个新的模块。看看它是不是能一开始就检查出文件目录类型的错误。

第 3 章

正则表达式

正则表达式（regular expression），这五个汉字可能会使初次听到该术语的人（比如很多年前的我）陷入迷思。嗯，让我们暂时逃离迷思，换一种叫法：规则的表达式。20 世纪 50 年代，一位美国数学家，名叫 Stephen Cole Kleene，他发表了规则的语言（regular language）的定义，规则的表达式就是用来描述规则的语言的表达式。举个例子，假设有一种规则的语言，它的字母表只有两个字符 a 和 b，那么 a、b、ab、aa、bb、aba、bab 等都是规则的表达式。这个数学上的新概念，是怎么和计算机领域扯上关系的呢？第二位美国人登场了，名叫 Ken Thompson，是的，就是那位发明了 UNIX 的专家，他借用了这个概念，并应用到了 UNIX 上的 ed 和 grep。ed 是一个文本编辑器，现在大概很少有人会使用了，它的正则表达式基因进入了后起之秀 vi 和 vim 之中。grep 是 UNIX/Linux 的常用命令，它的名字来自 Globally search a Regular Expression and Print 的首字母组合。grep 的功能是查找符合某种规则的表达式。如果我们使用计算机领域的符号，规则的表达式可以表示成：a b [ab] ab a* b*。方括号 [ ] 表示其间内容任选一，星号 * 表示任意数量（包括零）。后来 sed 和 awk 也进一步增强了正则表达式方面的功能，可惜它们在其他方面的表现很差劲，比如语法丑陋等。这促使了第三位美国人撸起袖子发明了一门编程语言——Perl，没错，他就是 Larry Wall。我猜他肯定很喜欢正则表达式的功能，他与 Perl 社区一起增强了 Perl 语言的正则表达式功能，直到 Perl 5（第 5 个大版本号）发布，其内建的正则表达式的功能已经登峰造极，傲视并引领其他编程语言了。

正则表达式，被借用进计算机领域，在应用层面，成为强大的处理字符串的工具。Perl 内建了正则表达式引擎（engine），可以根据你使用正则表达式描述的模式（pattern），来匹配你指定的数据（通常是文本），正则表达式引擎还支持捕获（capturing）和替换（replace）等功能。具体而言，正则表达式所处理的对象是字符串，它可以帮助我们完成以下几类工作：

1）确认字符串是否匹配了某种模式。

2）把字符串中匹配了某种模式的内容捕获出来。

3）把字符串中匹配的内容替换成指定的内容。

3.1   匹配的基本过程

Perl 提供了一个专门的操作符 =~ 来进行匹配（包括捕获和替换）操作，操作符的左侧是待匹配的字符串，操作符的右侧是模式，模式一般使用一对斜杠 / 来包围，如下所示：

```
$str =~ /regular expression/
```

我们通过一个简单的实例，结合图示，看看模式匹配的过程。

代码 3-1   ch03/reg_match.pl

```
1 #!/usr/local/bin/perl
2 my $str1 = "aAcABC" ;
3 if ( $str1 =~ /AB/ ) {
4   print "match\n" ;
5 }
6 else {
7   print "unmatch\n" ;
8 }
9 exit 0;
```

代码 3-1 的输出是 match。我们通过图示来看看第 3 行作为 if 判断的条件——$str1 的值是 aAcABC 时，$str1 =~ /AB/ 的模式匹配的过程（见图 3-1）。

第 1 次尝试匹配

$str	a	A	c	A	B	C
/AB/	**A**	B				

模式（中的）A 与字符 a 不匹配，整个模式（AB）即将向右侧移动一个位置。

第 2 次尝试匹配

$str	a	A	c	A	B	C
/AB/		**A**	**B**			

模式 A 与字符 A 匹配，但是模式 B 与字符 c 不匹配，整个模式即将向右侧移动一个位置。

第 3 次尝试匹配

$str	a	A	c	A	B	C
/AB/			**A**	B		

模式 A 与字符 c 不匹配，整个模式即将向右侧移动一个位置。

第 4 次尝试匹配

$str	a	A	c	A	B	C
/AB/				**A**	**B**	

模式 A 与字符 A 匹配，模式 B 与字符 B 匹配，整个模式匹配了，因此结束匹配并返回"真"。

图 3-1　模式匹配的过程

图 3-1 的整个匹配过程就是操作符 =~ 完成的工作，成功匹配之后，返回"真"。实际上，它返回的是匹配到的数量 1，1 在 if/else 条件中就是"真"。如果没有匹配成功，即匹配到的数量是 0，0 在 if/else 条件中就是"假"。在不影响结果的情况下，后文中可能不会严格辨识匹配的返回值，到底是 0，还是 1，还是 2，等等，只区分真假即可。

$str =~ /regular expression/ 是一个简写的形式，完整形式是：

```
$str =~ m/regular expression/
```

其中，m 即"匹配"（match）的首字母。

如果有 m，则右侧模式的界定符 //，可以换成成对的括号：

```
$str =~ m<regular expression>
$str =~ m{regular expression}
$str =~ m[regular expression]
$str =~ m(regular expression)
```

甚至还可以使用其他字符，但首尾必须使用相同的字符，如：

```
$str =~ m!regular expression!
$str =~ m^regular expression^
```

等等。

3.2 匹配

本节主要分几个子小节介绍模式的匹配功能，即判断某模式是否匹配指定的字符串。

基于本书的内容多数应用于 IC 设计实践中，所以本章仅介绍 ASCII 字符集中的可见字符和空格字符，包括普通空格（space）、水平制表符（tab）和换行符（\n），不包括其他不可见字符。不介绍 Unicode 字符集，对 Unicode 字符集有兴趣的读者，请自行查阅 Perl 官方文档。

正则表达式有它自身的规则和限制，这也是初学者可能犯错的根结。如果你对自己的预估没有把握，可以写一段小程序验证自己的预估（见代码 3-2）。

代码 3-2   ch03/reg_match_try.pl

```
1 #!/usr/local/bin/perl
2 my $str = "string";
3 if ( $str =~ /pattern/ ) {
4   print "yes\n";
5 }
6 else {
7   print "no\n";
8 }
9 exit 0;
```

然后编辑字符串和模式的内容，运行一下，看看结果。

那么，下面将开始介绍模式中的普通字符、元字符等内容。

3.2.1 普通字符

大多数字符没有特殊含义，在模式中通常表示其自身，如数字、英文字母和下划线等。

```
"A" =~ /A/ ;        # match
"100" =~ /100/ ;    # match
"B" =~ /b/ ;        # unmatch
"_<=>" =~ /_<=>/ ;  # match
```

3.2.2　元字符

Perl 有 12 个特殊字符，在模式中不代表其自身，而是另有特殊含义，常被称为元字符（meta character）：

```
*   +   ?   .
(   )   [   {
^   $   |   \
```

随着频繁使用，你会越来越熟悉它们。下面依次介绍它们的基本功能。

星号 *

表示其左侧的字符（或字符组）可以有任意数量，零个或任意多个（见表 3-1），由 () 或者 [] 包围的字符就是字符组。

表 3-1　模式匹配 1

模式	匹配的字符串	不匹配的字符串
/B*/	任意字符串，包括空字符串	＜无＞
/AB*/	A、AB、ABB……	C、D、BA……

加号 +

表示其左侧的字符（或字符组）可以有一个或任意多个（见表 3-2）。

表 3-2　模式匹配 2

模式	匹配的字符串	不匹配的字符串
/B+/	B、BB、BBB……	A、AC、AD……
/AB+/	AB、ABB……	A、C、D、BA……

在通常情况下，+ * 会优先匹配更多字符串。

问号 ?

表示其左侧的字符（或字符组）的一个或零个（见表 3-3）。

表 3-3　模式匹配 3

模式	匹配以下字符串	不匹配以下字符串
/B?/	任意字符串，包括空字符串	＜无＞
/AB?/	AB、A	AC、D、BA……

我们已经介绍了 3 个表示重复数量的元字符，如果想指定数量或者数量的区间，该怎么办呢？大括号 {} 可以登场了。

大括号 {}

其间可以有两个数字，由逗号隔开，左边的数字小，右边的数字大，表示其左侧的字符（或字符组）的数量区间，两侧的数字均包含在内（即数学上的闭区间）；或者仅有单侧的数字和逗号，{,n} 表示 0～n 的闭区间，{n,} 表示大于等于 n；或者其间只有一个数字（无逗号），表示确切数量（见表 3-4）。

表 3-4　模式匹配 4

模式	匹配的字符串	不匹配的字符串
/AB{3,4}C/	ABBBC、ABBBBC	AC、ABC、ABBC、ABBBBBC
/AB{,2}C/	AC、ABC、ABBC	ABBBC……
/AB{2,}C/	ABBC、ABBBBC	ABC、AC……
/AB{3}C/	ABBBC	ABBC……

你可能想到了，{} 和 * + ? 有等价关系，如表 3-5 所示。

我们之前介绍的都是单字符的重复，如果需要单词（多字符）的重复，该怎么办呢？我们使用圆括号 ()。它有分组功能，还有一个功能是捕获。本节我们先介绍前者，捕获留在后面的章节介绍。

表 3-5　模式匹配 5

元字符	等价关系
*	{0,}
+	{1,}
?	{0,1}

表 3-6　模式匹配 6

模式	匹配的字符串	不匹配的字符串
/(ABC)+/	ABC、ABCABC	AABBCC

圆括号 ()

表示其间的字符作为一个整体（见表 3-6）。

方括号 []

主要有两种用法：

1）表示其间的一个或多个字符作为一个可选的字符组，匹配其中任意一个字符即可（见表 3-7）。

表 3-7 模式匹配 7

模式	匹配的字符串	不匹配的字符串
/[Ww]ord/	Word、word	Cord、ord

如果想在字符组中包含 [或者] 本身，则需要前置一个 \ 符号。如表 3-8 所示。

表 3-8 模式匹配 8

模式	匹配的字符串	不匹配的字符串
/A[b\[c]D/	AbD、A[D,AcD	AD、AAD
/A[b\]c]D/	AbD、A]D,AcD	AD、AAD

字符组还可以使用 - 指定范围，如 [0-9] 表示任何一个数字，[a-z] 表示所有小写字母。如果想在字符组中包含 -，可以将其放在 [] 内的最左侧，即第一个字符，或者最右侧最后一个字符（见表 3-9）。

表 3-9 模式匹配 9

模式	匹配的字符串	不匹配的字符串
/A[0-9]D/	A0D、A1D、A2D……	AXD、A99D
/A[-bB]D/	A-D、AbD、ABD	AD、AAD

2）如果 [] 内的第一个字符是 ^，那么 [^...] 表示这样一个字符组：它由除了 ... 以外的所有字符组成，相当于排除了 [] 内 ^ 之后的字符（见表 3-10）。

表 3-10 模式匹配 10

模式	匹配的字符串	不匹配的字符串
/A[^cd]D/	AbD、A1D、A2D……	AcD、AdD

让我们稍做停留，本小节开始时，我们知道了 12 个元字符，其中并不包括] }
这两个右侧括号。所以，如果想单独匹配] 或者 }，直接输入它们即可（见表 3-11）

表 3-11　模式匹配 11

模式	匹配的字符串	不匹配的字符串
/A]B/	A]B	AB、A[
/A}B/	A}B	AB、A{

] 和 } 仅仅和左侧的 [{ 组合时，才具备特殊的意义。

竖线 |

表示其两侧的字符（字符组），二选一匹配其中一个即可（见表 3-12）。

表 3-12　模式匹配 12

模式	匹配的字符串	不匹配的字符串
/a|b/	a、b	c、d
/worda|wordb/	worda、wordb	wordc、wordd

如果还希望在模式中加入更丰富的功能，比如，部分内容是二选一，其他内容
是固定的，则需要把可选部分使用圆括号包围，如表 3-13 所示。

表 3-13　模式匹配 13

模式	匹配的字符串	不匹配的字符串
/Tom and (Jerry|me)/	"Tom and Jerry" 和 "Tom and me"	"Tom and others"

如果想要单字符二选一，可以使用 [ab] 或 (a|b)，(a|b) 还有捕获的功能。

**反斜杠 **

之前，我们已经见识了 \，它有一类功能——放在元字符前面，则会撤销此元字
符的特殊功能，使元字符仅匹配其自身（见表 3-14）。

\ 在某些普通字符的前面，组合成特殊字符（或字符组）或者其他特殊含义。这
部分内容比较多，我们将在 3.2.3 节介绍。

表 3-14　模式匹配 14

模式	匹配的字符串	不匹配的字符串
/ab*cd/	ab*cd	abcd、abbcd
/\\(abc\\)/	(abc)	abc
/ab\\\\cd/	ab\\cd（这其实是 5 个字符 ab\cd，写成 Perl 字符串形式，就是 ab\\cd）	abcd

句点 .

. 匹配任意一个字符（见表 3-15），一般情况下，不匹配换行符 \n，除非模式有 s 修饰符（在 3.2.4 节进行介绍）。

表 3-15　模式匹配 15

模式	匹配的字符串	不匹配的字符串
/abc.e/	abcde、abcfe、"abc e"	abce、"abc\ne"

. 在 [] 内时，只匹配 . 本身，不再匹配任意一个字符。

尖角 ^

^ 出现在模式的开头时，匹配字符串的行开头。如果待匹配的字符串只有一行，即中间没有换行符（\n），那么 ^ 等同于字符串的开头（见表 3-16）。

表 3-16　模式匹配 16

模式	匹配的字符串	不匹配的字符串
/^abc/	abc、abcd	aabc、1abc

如果待匹配的字符串是多行文本，如：

```
$str = "this is
        an example
          of mutil-lines";
```

那么 /^this/、/^an/ 和 /^of/ 都能匹配 $str。

此前已经介绍过了 ^ 出现在 [] 中的开头时，表示排除 [] 内的后续字符。

美元 $

$ 出现在模式的结尾时，匹配字符串的行结尾（见表 3-17）。如果待匹配的字符串只有一行，即中间没有换行符（\n)，那么 $ 等同于字符串的结尾。

表 3-17　模式匹配 17

模式	匹配的字符串	不匹配的字符串
/abc$/	abc、2abc	abcd、abc2
/^abc$/	仅 abc	除 abc 以外的其他字符串

如果待匹配的字符串是多行文本，如：

```
$str = "this is
        an example
          of mutil-lines";
```

那么 /is$/、/ple$/ 和 /lines$/ 都能匹配 $str。

$ 还有一个功能——与后续变量名组合，表示变量，把变量的实际值内插到模式中（将在 3.2.5 节介绍）。

3.2.3　反斜杠家族

鉴于反斜杠（\）会影响后续的任何字符的含义，且组合较多，我们合并到本节介绍。

它的功能可以分为 3 类：

1）放在元字符之前时，撤销此元字符的特殊含义，使此元字符仅仅匹配其自身。

2）\ 与后续字符组合成某类字符组时，常用的模式如表 3-18 所示。

表 3-18　模式匹配 18

模式	含　义
\d	数字的集合，等价于 [0-9]
\D	非数字的集合，等价于 [^0-9]

（续）

模式	含　　义
\n	换行符，其实就是 \n 字符本身
\s（小写字母 s）	空格字符
\S（大写字母 S）	非空格字符
\t	水平制表符 Tab，其实就是 \t 字符本身
\w（小写字母 w）	数字、字母和下划线的集合，等价于 [_0-9a-zA-Z]
\W（大写字母 W）	除了 \w 所表示的字符以外的字符，等价于 [^_0-9a-zA-Z]

补充说明：在本章开头时，已经声明了我们匹配的字符串是 ASCII 字符集。所以我们简化了一些模式的描述。比如 \w 还可以匹配非 ASCII 字符，只有在 ASCII 字符集内，它才等价于 [_0-9a-zA-Z]。其他 \ 模式也可能有类似情况，当你应用的范围超出 ASCII 字符集时，请查阅 Perl 官方文档获得更精确的说明。

3）\ 与后续字符组合成某类锚位，用来匹配位置，常用的模式如表 3-19 所示。

表 3-19　模式匹配 19

模式	含　　义
\A	字符串的开头位置
\b	"单词"的边界。"单词"由数字、字母和下划线组成。边界指整个字符串的开头或者结尾，或者"单词"与"非单词"之间的位置（没有宽度的）
\z（小写字母 z）	字符串的结尾位置
\Z（大写字母 Z）	字符串的结尾位置，或者行结尾，即换行符之前的位置，等价于处在模式结尾处的 $

\b 模式的实例如表 3-20 所示。

表 3-20　模式匹配 20

模式	匹配的字符串	不匹配的字符串
/\beat\b/	eat、to eat	heat、eaten

如果待匹配的字符串是多行文本，如下所示。

```
$str = "this is
    an example
        of mutil-lines";
```

表 3-21 是几个匹配的实例。

表 3-21   模式匹配 21

模式	模式 \ 是否匹配 $str	模式	模式 \ 是否匹配 $str
/\Athis/	是	/is\z/	否
/\Aan/	否	/lines\Z/	是
/lines\z/	是	/is\Z/	是

3.2.4   修饰符

在模式的尾部 / 之后，可以添加一些修饰符，调整模式的匹配功能（见表 3-22）。

表 3-22   模式匹配 22

修饰符	含义	模式	匹配的字符串
i	大小写无关	/abc/i	abc、AbC、ABC
s（小写 s）	使句点号 . 匹配换行符 \n	/a.*b/s	"a\nb"
x（小写 x）	忽略模式中的空格	/a b/x	ab

x（小写字母 x）会忽略模式中包含的空格，使我们可以把很长的模式（可读性较差）以（任意数量的）空格或换行分隔开。

/^[0-9]{4}-.{7,10}-[^-]+-\d{2,5}#8$/

等价于：

```
/^  [0-9]{4}
  -
  .{7,10}
  -
  [^-]+
  -
  \d{2,5}
  #8
$/x
```

有了修饰符 x，我们不仅可以添加一些空格或者换行，还可以在模式中添加注释 #，进一步提高代码可读性。

```
/^  [0-9]{4}        # four digital
  -
  .{7,10}           # any string contains 7-10 characters
  -
```

```
  [^-]+              # DO NOT write / here !!!
  -
  \d{2,5}
  \#8
$/x
```

添加注释时，需要注意两点：

1）注释中不能出现模式的终止符号，上例中是 /。

2）如果添加了 # 注释，那么原先模式中的 #，则需要换成 \# 或者 [#]。

还有一个常用的修饰符 g，将在 3.3 节进行介绍。

3.2.5　内插变量

前面几小节中，模式的内容都是我们预先写好的，它们是固定的。如果有很多模式需要匹配，那么我们可以在模式中直接编写变量名。下面我们看一个实例。

代码 3-3　ch03/country.pl

```
 1 #!/usr/local/bin/perl
 2
 3 my @lines = (
 4   "China_capital Beijing",
 5   "China Shanghai",
 6   "Japan Toyko",
 7   "USA Newyork",
 8   "USA_capital DC",
 9 );
10
11 my @countries = (
12   "China",
13   "USA",
14 );
15
16 for my $line ( @lines ) {
17   for my $country ( @countries ) {
18     if ( $line =~ /$country/ ) {
19       print $line, "\n";
20     }
21   }
22 }
23
24 exit 0;
```

运行代码 3-3 的输出如下：

```
China_capital Beijing
China Shanghai
USA Newyork
USA_capital DC
```

我们直接在模式中写变量即可，如第 18 行。

如果我们需要挑出匹配首都的行，那么我们需要稍微修改一下第 18 行：

```
if ( $line =~ /$country_capital/ ) {
```

运行后的输出如下：

```
China_capital Beijing
China_capital Beijing
China Shanghai
China Shanghai
Japan Toyko
Japan Toyko
USA Newyork
USA Newyork
USA_capital DC
USA_capital DC
```

咦？好像哪里出错了。我们在第 2 行增加：

```
use strict;
```

再次运行，则看到输出：

```
Global symbol "$country_capital" requires explicit package name (did you forget to
  declare "my $country_capital"?) at ./country_v3.pl line 18.
Execution of ./country_v3.pl aborted due to compilation errors.
```

原来 Perl 认为 $country_capital 是一个变量，而且没有声明值。因为模式中其实是空字符串（即什么都没有），所以每次都匹配成功，这不是我们想要的。

为了精确定义变量名的范围，我们可以引入 {}，写成：

```
if ( $line =~ /${country}_capital/ ) {
```

上一行代码中，{} 严格定义了变量名的范围。

或者我可以引入 ()：

```
if ( $line =~ /$country()_capital/ ) {
```

上一行代码中，()（中间没有空格）插在变量名和后面的干扰字符串（_capital）中间，阻断了 Perl 试图读取更长的变量名。

任何可以插入变量的位置（比如模式中）都可以插入数组的元素 $some_array[n] 或者散列的值 $some_hash{'some_key'}。

有了变量，我们可以匹配的自由度就会提高，但还是不够。请看 3.3 节来了解如何更加自由地匹配。

3.3 分组和捕获

在本节中，我们要学习本章开始时提出的一个功能——把字符串中匹配了某种模式的内容捕获出来，即分组（grouping）和捕获（capturing）

圆括号 () 完成分组和捕获的功能。

3.3.1 分组并捕获

请先看一个实例。

代码 3-4　ch03/capture_1.pl

```
1 #!/usr/local/bin/perl
2
3 my $str = "module xyz (something)";
4 if ( $str =~ /^module\s+(\S+)/ ) {
5   print "module name is: ", $1, "\n";
6 }
7
8 exit 0;
```

运行代码 3-4 会输出：

```
module name is: xyz
```

Perl 预设了 9 个变量：$1、$2、…、$9（按照左圆括号出现的次序）来存放最多
9 组 () 捕获的内容。请看实例。

代码 3-5   ch03/capture_2.pl

```
 1 #!/usr/local/bin/perl
 2
 3 my $str = "To be or not to be, it's a question.";
 4 if ($str =~/^((\S+)\s+(\S+))\s+(\S+)\s+((\S+)\s+(\S+)\s+(\S+))\s+(.+)/){
 5   for my $n ( 1..9 ) {
 6     print "\$$n is: ${$n}\n";
 7   }
 8 }
 9
10 exit 0;
```

运行代码 3-5 的输出如下：

```
$1 is: To be
$2 is: To
$3 is: be
$4 is: or
$5 is: not to be,
$6 is: not
$7 is: to
$8 is: be,
$9 is: it's a question.
```

如果我们想捕获更多的字符组合，9 个预设的变量就不够用了，我们可以把捕获
的内容另存到一个数组中。延续代码 3-5 的例子，稍做修改，如代码 3-6 所示。

代码 3-6   ch03/capture_3.pl

```
1 #!/usr/local/bin/perl
2
3 my $str = "To be or not to be, it's a question.";
4 my @caps;
5 if ( @caps = $str =~ /^((\S+)\s+(\S+))\s+
6                        (\S+)\s+
7                        ((\S+)\s+(\S+)\s+(\S+))\s+
```

```
 8                    ([^.]+)
 9                    (((.)))
10                    /x ) {
11   for my $n ( 0..$#caps ) {
12     print 1+$n, " is: $caps[$n]\n";
13   }
14 }
15
16 exit 0;
```

运行代码 3-6 的输出如下：

```
1 is: To be
2 is: To
3 is: be
4 is: or
5 is: not to be,
6 is: not
7 is: to
8 is: be,
9 is: it's a question
10 is: .
11 is: .
12 is: .
```

我们在第 5 行使用了一个数组 @caps：

@caps = $str =~ /…/

由于模式匹配 =~ 的优先级比赋值 = 的优先级高，因此模式匹配先运行。当赋值的左侧是一个数组（或散列），此模式匹配处于列表上下文（环境）中，模式匹配会返回捕获的内容（一个列表）。

如果太多的圆括号让你眼花缭乱，我们可以采用命名变量 ?<>，将 ?<> 放置在捕获圆括号内的最左侧，?<> 的尖括号内是名称。

代码 3-7 ch03/capture_4.pl

```
1 #!/usr/local/bin/perl
2
3 my $str = "To be or not to be, it's a question.";
4 if ( $str =~ /^(?<first_two_words>(\S+)\s+(?<second_word>\S+))/ ) {
5   print "First two words is: $+{'first_two_words'}\n";
```

```
6   print "Second word    is: $+{'second_word'}\n";
7 }
8
9 exit 0;
```

运行代码 3-7 的输出如下：

```
First two words is: To be
Second word    is: be
```

?<> 尖括号内指定的是散列 %+ 中的键名。希望你还记得散列 %abc 在获取键值时，写成 $abc{'key'}。

3.3.2　匹配的特点

模式匹配有两个特点：

1）尽可能匹配更多。

2）匹配达成后就结束。

由于它们在单纯匹配时的区别不明显，我们可以捕获匹配看看。

代码 3-8　ch03/match_sp_1.pl

```
1 #!/usr/local/bin/perl
2 use strict;
3
4 my $str = "To be or not to be, it's a question.";
5 if ( $str =~ /(.+)/ ) {
6   print "Matched is: ", $1, "\n";
7 }
8
9 exit 0;
```

运行代码 3-8 会输出：

```
Matched is: To be or not to be, it's a question.
```

第 5 行的 + 换成 * 的输出结果是一样的，它们都有"贪婪"的特点，尽可能匹配更多的字符。有些情况下，我们希望它们不要匹配太多字符，留一些给后面的正则表达式。那么，我们可以使用后置？来约束＋和＊，使它们尽量少匹配。

代码 3-9　ch03/match_sp_2.pl

```
1 #!/usr/local/bin/perl
2 use strict;
3
4 my $str = "To be or not to be, it's a question.";
5 if ( $str =~ /(.+?)/ ) {
6   print "Matched is: ", $1, "\n";
7 }
8
9 exit 0;
```

运行代码 3-9 会输出：

```
Matched is: T
```

请注意，.*+ 优先匹配一个字符，.*? 优先匹配零个字符。

我们再来看看第二个特点。

代码 3-10　ch03/match_sp_3.pl

```
1 #!/usr/local/bin/perl
2 use strict;
3
4 my $str = "To be or not to be, it's a question.";
5 if ( $str =~ /be(.{4})/ ) {
6   print "Matched is: ", $1, "\n";
7 }
8
9 exit 0;
```

运行代码 3-10 会输出：

```
Matched is:  or
```

实际匹配的是 " or " 四个字符（or 前后各有一个空格）。一旦匹配到了，匹配就结束了，无论后方有没有匹配的可能性，都不会继续尝试匹配后方的字符串。如果需要匹配所有的可能情况，则使用我们之前介绍的 g 修饰符，并且使用外部数组来存储所有匹配的结果。

代码 3-11   ch03/match_sp_4.pl

```
 1 #!/usr/local/bin/perl
 2 use strict;
 3 my @caps;
 4 my $str = "To be or not to be, it's a question.";
 5 if ( @caps = $str =~ /be(.{4})/g ) {
 6   for my $cap ( @caps ) {
 7     print "Matched is: ", $cap, "\n";
 8   }
 9 }
10
11 exit 0;
```

运行代码 3-11 会输出：

```
Matched is:  or
Matched is: , it
```

为什么不能使用 $1 和 $2 呢？这是因为代码 3-11 中只有一组圆括号，即便成功匹配了两次，" or " 和 ", it" 也先后存储至 $1，而 $2 却是未被赋值的。

3.3.3   分组不捕获

有时，我们使用 () 仅分组，而不捕获其内容。我们可以使用 (?:)，如代码 3-12 所示。

代码 3-12   ch03/group_wo_cap.pl

```
 1 #!/usr/local/bin/perl
 2 use strict;
 3
 4 my $str = "module xyz (something)";
 5 if ( $str =~ /^(?:module)\s+(\S+)/ ) {
 6   print "module name is: ", $1, "\n";
 7 }
 8
 9 exit 0;
```

运行代码 3-12 会输出：

```
module name is: xyz
```

代码 3-12 的模式中有两组圆括号，但是第一组采用了 (?:) 的形式，即仅分组，不捕获。所以 $1 是第一个没有 ?: 的左圆括号，即 (\S+)。

3.3.4　分组捕获并反向引用

有时，我们希望在模式内部即刻使用（即反向引用）左侧已经匹配的内容，作为后续匹配的变量。举一个实例，我们要检查单词开头的两个字符，如果两个字符一样，那么很有可能是一个错误，把它输出（见代码 3-13）。

代码 3-13　ch03/cap_ref.pl

```perl
1 #!/usr/local/bin/perl
2 use strict;
3 my $str = "To bbe or not to be, it's a question.";
4
5 if ( $str =~ /\b((.)\2\S*)\b/ ) {
6   print "Warning: $1\n";
7 }
8
9 exit 0;
```

运行代码 3-13 的输出如下：

```
Warning: bbe
```

模式 /\b((.)\2\S*)/ 中的 \2 是反向引用了第 2 组圆括号，即 (.) 匹配的内容——任意字符。(.)\2 组成了两个一样的字符。后面紧跟任意数量的非空白字符 \S*。在模式外部，捕获这个疑似出错的单词的是变量 $1。请不要和模式内部的反向引用变量 \1 混淆。诸如 \1，\2 的反向引用变量，一共有且只有 9 个：\1、\2……\8、\9。

如果想反向引用的内容超过 9 个怎么办？我们可以使用 \g{N}，N 为数字。

代码 3-14　ch03/cap_ref_2.pl

```perl
1 #!/usr/local/bin/perl
2 use strict;
```

```
3 my $str = "1234567800";
4
5 if ( $str =~ /(.)(.)(.)(.)(.)(.)(.)(.)((.)\g{10})/ ) {
6   print "Warning: $9\n";
7 }
8
9 exit 0;
```

运行代码 3-14 的输出如下：

```
Warning: 00
```

反向引用 \N 或者 \g{N} 只能出现在模式中，不能在模式外使用。

3.4 替换

本节我们将学习本章开始时提出的最后一个功能——把字符串中匹配的内容替换成指定的内容。

替换是在模式匹配的基础上，使用 s 操作符，并在第 2 个 / 右侧（即第 2 组 //中）添加替换后的内容，如下所示：

```
$str =~ s/regular expression/replacement/
```

替换是把第 2 个 / 左侧匹配的所有内容（不是字符串的所有内容），都替换成其右侧的字符串。请注意 /// 中的第 2 组，即 /replacement/ 部分不是正则表达式，只是字符串（或者变量）。如果匹配和替换成功，则左侧的变量的内容会立即被改变。

```
$str = "abcde";
$str =~ s/bcd/BCD/ ; # now $str is: aBCDe
```

在"替换"部分可引入外部变量，一般是 my 声明的变量：

```
$replace = "BCD";
$str = "abcde";
$str =~ s/bcd/$replace/ ; # now $str is: aBCDe
```

在"替换"部分也可引入左侧模式中分组捕获的变量：

```
$str = "abcde";
$str =~ s/(bcd)/$1/ ; # now $str is: abcde
$str = "abcde";
$str =~ s/^(.)(.)/$2$1/ ; # now $str is: bacde
```

3.4.1　修饰符

此前介绍的模式匹配的修饰符，都可在 s/// 的尾部使用，意义基本相同。比较常用的是使用 /g 将匹配的部分全部替换。

```
$str = "abcde abcde";
$str =~ s/bcd/BCD/ ; # now $str is: aBCDe abcde
$str = "abcde abcde";
$str =~ s/bcd/BCD/g ; # now $str is: aBCDe aBCDe
```

3.4.2　界定符

此前我们介绍过，模式匹配的界定符，除了最常用的 /，还可以是其他成对的括号，或者其他字符。那么在替换模式中，事实上有两组界定符，它们既可以是相同的：

```
s{regular expression}{replacement}
```

也可以是不同的：

```
s{regular expression}<replacement>
```

3.4.3　不改变原变量

如果不希望改变左侧变量的值，则需要先复制一份：

```
$str1 = "abcde abcde";
$str2 = $str1;
$str2 =~ s/bcd/BCD/ ; # now $str2 is: aBCDe abcde
```

常常简写成：

```
($str2 = $str1) =~ s/bcd/BCD/ ;
```

现在 $str1 仍然是 "abcde abcde"，$str2 是 "aBCDe abcde"。

第 4 章

模块的改进

第 2 章结束时，我们完成了一个模块 My_perl_module_v3（见代码 2-5）。这个模块距离实用还需要改进。本章我们逐步改进这个模块，为了在第 5 ～ 7 章节使用。

改进的目标如下所示：

1）参数值的类型（perl_type）如果是 scalar，那么就把参数值存为标量。

2）增加 data_type 的类型识别，比如数字。

3）增加一些常用的函数，比如读取文件到数组、写数组到文件等。

如果你忘记了 My_perl_module_v3.pm 的内容，可以下载本书的源代码，对照着 My_perl_module_v3.pm 和 My_perl_module_v4.pm 浏览本章。

4.1 参数值存为标量

使用模块 My_perl_module_v3 时，我们可以预设选项的值的类型（perl_type）为 scalar 或 array，同时我们把参数值无差别地都存储为数组。如果该选项的值的类型是标量，为了获得对应的参数值（这是标量），我们需要写成 $h->{'-opt'}[0]，这样才能获取该数组中的第一个（也是唯一的）元素。如果能把散列中 'opt' 指向的数组替换成标量，那就可以省略 [0] 了，如下所示：

```
$hv->{$opt} = $hv->{$opt}[0];
```

经过上句赋值以后，$h->{'-opt'} 就是标量了，其内容为原先所指数组的第一个元素，即（赋值之前的）$h->{'-opt'}[0]。

我们增加一个子例程 combine_scalar 来完成这项任务，把 perl_type 是 scalar 的选项的参数值（此前是数组），存储为标量，然后在 Handle_argv 中添加对此子例程的调用，放在最后一行（见代码 4-1）。

代码 4-1　perl_module/My_perl_module_v4.pm（局部）

```
58 sub combine_scalar {
59    my ($hr, $hv) = @_;
60
61    for my $opt ( keys %$hv ) {
62      if ( ${$hr->{$opt}}{'perl_type'} eq 'scalar') {
63        $hv->{$opt} = $hv->{$opt}[0];
64      }
65    }
66
67 } # combine_scalar
(此处省略了多行)
107 sub Handle_argv {
108    my ($aref, $hr, $hv) = @_;
109    read_argv($aref, $hv);
110    check_argv_perl_type($hr, $hv);
111    check_argv_data_type($hr, $hv);
112    get_default($hr, $hv);
113    combine_scalar($hr, $hv);
114 } # Handle_argv
```

如果预设的 perl_type 是 scalar，我们就把它的值，即一个数组的第一个值（也是唯一的）存为该选项的值，且数据类型是 scalar。

4.2　增加 data_type 的类型识别

我们有时会通过命令行给程序传递数字，如果能在一开始就对用户的输入进行检查，可以避免一些后期的错误。Perl 会把命令行中输入的内容都先视为字符串，在后续的数学运算中，再自动转换成数字。

Perl 中的十进制数字的编写方式与数学中常见的写法相同：

```
1
-2
3.4
5.6e7
8E-9
```

字母 e 使用大小写均可，其意义相同。xEy 表示 x 乘以 10 的 y 次幂。

我们可以使用正则表达式来检查输入的参数，需要改进的是 check_argv_data_type 子例程，在以下 if 分支后面增加一个 elsif 分支。

```
if ( $hr->{$opt}{'data_type'} eq 'inputfile') {
}
```

elsif 分支中对每一个参数值进行模式匹配：

```
elsif ( $hr->{$opt}{'data_type'} eq 'num') {
  for my $arg ( @{ $hv->{$opt} } ) {
    unless (    ( $arg =~ /^-?\d+$/ )
           or ( $arg =~ /^-?\d+\.\d+$/ )
           or ( $arg =~ /^-?\d+[eE]-?\d+$/ )
           or ( $arg =~ /^-?\d+\.\d+[eE]-?\d+$/ )
         ) {
      print_and_exit( "Error: number is expected to '$opt': $arg" );
    }
  }
}
```

这里我们遇到了一位新朋友：控制结构 unless (condition)，它作为对 if 控制结构的补充，与 if (! condition) 等价。unless 控制结构中不能有 elsif 分支，只可以有一个 else 分支，不过后者也极少使用。

4.3 提供默认值

随着选项的增多，用户需要输入的内容也增多了。如果部分选项的参数值有默

认值，那么可以减少用户的输入。我们可以在散列 %rule_of_opt 中的选项下新增一
个 default，如下所示：

```
my %rule_of_opt = (
  '-s' => {
          'perl_type' => 'scalar',
          'default'   => ['something'],
          },
  '-a' => {
          'perl_type' => 'array',
          }
);
```

请注意 'default'　=> ['something']，我们设置默认值的方式是，无论此选项是
scalar 还是 array，都设置成匿名数组，这与我们处理参数值的方式一致，也方便后
续（combine_scalar）统一处理。

对应地，我们可以再增加一个子例程 get_default，它在 Handle_argv 中被调用，
如下所示：

```
sub Handle_argv {
  my ($aref, $hr, $hv) = @_;
  read_argv($aref, $hv);
  check_argv_perl_type($hr, $hv);
  check_argv_data_type($hr, $hv);
  get_default($hr, $hv);
  combine_scalar($hr, $hv);
} # Handle_argv

sub get_default {
  my ($hr, $hv) = @_;
  for my $opt ( keys %$hr ) {
    next if exists $hv->{$opt} ;
    if ( exists $hr->{$opt}{'default'} ) {
      ### 'default' => "some_scalar", OR 'default' => ["some", "element", "of",
          "array"],
      $hv->{$opt} = $hr->{$opt}{'default'};
    }
    else {
      print_and_exit( "Error: no input or default for '$opt'" );
    }
  }
} # get_default
```

这里新增一个语法：if 可以放在语句的后面，在条件简单的情况下还可以省略括号。这也是 Perl 的语法灵活的特点之一。同样 unless 甚至 for、while 等都可以放置在语句最后，当然最常用的是 if 和 unless 后置。

我们只是简单地把 \$hr->{\$opt}{'default'} 赋值给了 \$hv->{\$opt}，并没有区分它是 scalar 还是 array，这是因为我们可以为 default 键定义不同的数据类型。如果 perl_type 是 scalar，我们就定义 'default' => "some_scalar" ；如果 perl_type 是 array，我们就定义 'default' => ["some", "element", "of ", "array"]。这是一个匿名数组，如果赋值给 \$hv->{\$opt}，就会使得后者实际上是一个数组。

4.4　新增子例程

在 Perl 应用到 IC 设计实践的程序中，读取文件、写入文件和新建目录等都是常见操作。我们把这些功能放进模块中。

4.4.1　把文件读取到数组中

由于硬盘的 IO（Input Output，输入输出）的速度和资源数量都不及内存，因此通常情况下，只要输入文件不是特别大，都可以把文件一次性读入到数组中。一般情况下，这个包含了整个文件内容的数组，它占有的内存是文件大小的 1 ～ 3 倍（极少数情况，会大于 3 倍）。

下面先看一个子例程：

```perl
sub read_file_to_array {
  my ($f, $aref) = @_;

  open my $fih, '<', $f or die "$!";
  @$aref = <$fih> ;
  close $fih or die "$!";

} # read_file_to_array
```

该子例程的参数有两个，第一个是文件名（含路径），第二个是数组的引用。此前我们介绍过（见 2.2 节），<> 操作符在 while 的条件部分（这是标量环境）时，<> 每次读取文件的一行（含回车符）。在子例程 read_file_to_array 中，<> 的左侧是数组（这是列表环境），<> 操作符会把文件的全部内容一次性读取到数组中。

4.4.2　把数组写入文件中

把数组写入文件的操作代码与把文件读取到数组中的操作代码类似。如下所示：

```
sub write_array_to_file {
  my ($f, $aref) = @_;

  open my $foh, '>', $f or die "$!";
  print $foh @$aref;
  close $foh or die "$!";

} # write_array_to_file
```

print 语句把数组的全部内容一次性输入到文件中。这里假设数组的每个元素都含有回车符，所以在此前处理这个数组时，都保持回车符。

4.4.3　新建目录

新建目录的子例程，如下所示：

```
sub make_dir {
  my ($d) = @_;

  return 0 if -d $d;
  system( "mkdir -p $d" ) and print_and_exit( "Error: make directory failed: $d" );

} # make_dir
```

这里我们使用了 and 连接两个语句。system ("mkdir-p$d") 在成功时返回零，它在逻辑条件中为"假"，此时整个表达式（即 and 连接的两个语句）的逻辑已经确定为"假"，所以不会继续执行 and 右侧的 print_and_exit 语句。system ("mkdir-p$d") 在失败时返回非零，在逻辑条件中为"真"，此时整个表达式的逻辑值未定，需要继续执行 and 右侧的 print_and_exit 语句。这些正是我们想要的。

这里我们使用 system 调用操作系统的 mkdir 命令，而没有使用更高效的 Perl 内建的 mkdir 函数，这是因为系统命令 mkdir -p 可以递归建立目录，假设目录 ./a 不存在，mkdir -p ./a/b/c/d 可以一次性完成新建目录。如果使用内建的 mkdir 函数，则需要运行 4 次，递归依次建立 ./a、./a/b、./a/b/c、./a/b/c/d。一般新建目录的操作不会太频繁，所以我们选择牺牲一点效能，使代码更简洁。

4.5　参数值可以短划线开头

有时，我们需要接收类似 -some 的参数值，传递给 EDA 工具，这与我们对选项的约定（选项以短划线开头）冲突了。我们可以与用户约定，凡是作为参数值的字符串，如果以短划线开头，则在开头处再增加一个空格。由于 shell 会自动去除所有命令行参数的首尾空格，使得我们必须使用引号强制包含一个空格，如下所示：

```
command.pl -opt_a " -value_a" -opt_b " -value_b"
```

为了严谨一点，我们可以在子例程 read_argv 读取参数值时，去除这个头部的空格。可以使用如下代码：

```
$arg =~ s/^\s*// ;
push @{ $hv->{$opt} }, $arg;
```

这种处理方式的优点是，肉眼很容易区分选项和参数值。

假设不存在某个参数值与某个选项相同，那么可以在读取命令行参数时，就预先读取本程序对参数的定义，然后不在定义中的短划线开头的字符串都作为参数值。这就要求我们为程序设定其自身的选项时，要尽量避开那些可能被用户输入的，并传递给 EDA 工具的短划线开头的作为参数值的字符串。

好了，至此我们完成了 My_perl_module_v4，后续实例都会使用这个模块。

第 5 章

模拟 IC 电路仿真实践

本章介绍 Perl 在模拟 IC 电路设计中的应用。先简要介绍模拟电路设计的流程，以及要考察的 PVT（Process-Voltage-Temperate）仿真过程，然后重点介绍参数设计的方法，最后实现 PVT 仿真自动化程序。这个程序只是此前几章内容的汇总，尽量少引入陌生的知识点。

5.1 模拟 IC 电路设计流程简介

模拟电路设计是 IC 设计的一部分，主要完成模拟模块或芯片的设计。它的流程一般如图 5-1 所示。

设计流程从规格书开始，工程师根据规格描述的电路特征与功能，绘制出相应的线路图（schematic），然后导出网表，再加上仿真条件和 model（模型）就可以进行单一条件仿真了。如果仿真结果显示该电路符合规格，则一般会继续进行 PVT 仿真。

由于 IC 制造的特点，在同一片 wafer（硅片）上的不同位置的 die（芯片），它们的表现不同。为了保证尽量多的芯片能够正常工作，制造厂（foundry）会提供许多 corner（角落）情况下的 model，使仿真可以覆盖极端

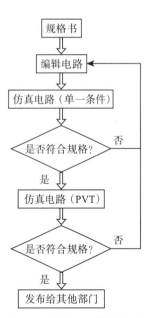

图 5-1 模拟电路设计流程

的几个 corner 的情况。这些都是不同的工艺（process）条件。此外还有不同的电压（voltage）和温度（temperate）条件。每次仿真都会采用某一组 P/V/T，那么反复替换不同的 corner、电压和温度正好可以交由 Perl 来完成自动化。

5.2　PVT 仿真的过程

假如没有软件或者程序辅助，模拟电路设计工程师在完成某次典型值的仿真以后，如果达到规格书的需求，则会复制一份网表（netlist），并修改 corner、电压和温度参数，然后再次仿真新的网表。如此循环遍历所有的 corner、电压和温度。假设有 9 种 corner，2 种电压，2 种温度，那么需要循环编辑 36 次网表，查看并记录 36 次的结果。

仿真是由专门的软件，即仿真器（simulator）完成。各家 EDA 厂商提供的仿真器略有差别，但功能基本相似。它们对网表的格式要求也略有不同。大体上，网表由以下 3 部分组成：

1）指定 model 和 corner，一般语法如下：

```
.include "……/model" corner=tt
```

2）仿真条件（包括电压、温度，以及其他电路中设置的变量的值等）。

```
temperate=-40
voltage=1v
…
```

3）描述电路本身的网表：

```
Subckt cellA pin_1 pin_2 …
M1 net1 net2 net3 net4 p1=v1 p2 =v2
R1 net5 net6 p3=v3
…
End
```

以上格式，是我虚拟的，仅供后文参考使用。你需要根据自己使用的仿真器和网表格式,稍微修改一下本章后续会出现的 Perl 代码。

关于网表的含义,一般有两种:

1)只含有电路本身特征的部分(包括所有模块),即 subckt 到 end 的部分,以及电路中变量的预定义。

2)包含上面第 1 种含义,再加上 corner 和仿真条件等。

本章中,多数情况下网表的含义是第二种,除非有明显的上下文指示是第一种。

5.3　定义 PVT 仿真程序的功能

我们期望 Perl 程序能尽量多地减少手动工作,完成以下功能:

1)依照某次可仿真的网表,自动设置 corner、电压和温度,并在独立的位置运行新的仿真。

2)统计所有的仿真结果,给出简单的报告(CSV 格式)。

为了避免涉及商用仿真器的信息,本例中会夹带一个"仿真器",它会读取网表中的信息,然后假装对网表进行仿真,最后随机输出几个变量和值到一个文本中。本例在处理"仿真"结果时,读取这个假冒的仿真器生成的文件。这样处理就可以在最低程度满足了本程序其他部分的实现的同时,某些部分做少量修改就可应用到实践中。

我们现在看看这个实例需要哪些参数,以及其可能的表现形式。

❑ 输入网表:

```
-i              netlist
-net            netlist
-netlist        netlist
```

❑ 多次仿真,以及在哪个位置(目录)运行:

```
-d              directory
```

```
-dir            directory
-run_dir        directory
-directory      directory
```

❑ 指定 corner：

```
-c              corner
-corn           corner
-corner         corner
```

❑ 指定温度：

```
-t              temperate
-temp           temperate
-temperate      temperate
```

❑ 指定电源的 net 名：

```
-vn             voltage
-volt_name      voltage
-voltage_name   voltage
```

❑ 指定电源的可选数值：

```
-vv             voltage
-volt_value     voltage
-voltage_value  voltage
```

❑ 预备传递给仿真器的参数：

```
-o                 options
-opt               options
-option            options
-sim_opt           options
-simulator_option  options
```

我们来比较上面各种可能的选项。一般字符较多的选项，描述会比较精确，缺点是需要输入较多内容。对于单个字符的选项，其优点是输入简短、效率高，也不容易出错，其缺点是，如果有含义相近的选项，可能会使工程师记错。单个字符可能带来的另一种状况是，在多个程序中，相同的选项代表不同的含义。比如 -n 在 A 程序中表示网表，在 B 程序中表示数量。这会不会干扰用户的习惯或记忆？这一点需要程序的作者充分考虑。

这个实例中，还需要考虑的是，每次仿真都放在哪里运行，结果放在哪里？一般，我们需要保留每次运行的过程和结果，所以需要在用户指定（-d）的运行目录下，再为每次仿真创建一个子目录。这个子目录的名称是否需要用户指定呢？当然也可以增加这样一个选项，比如 -sub_dir pattern。用户可以通过 -sub cvt 或者 -sub vtc 等不同的次序，来指定子目录的名称：tt_1.0v_300k 或者 1.0v_300k_tt。为了简化本实例的代码，本实例不设置这样的选项，只提供一组固定的子目录名称。

5.4　程序的主体

根据此前的分析，我们可以开始编写程序的主体了，即不含子例程实现的部分。先看一下代码。

代码 5-1　ch05/run_pvt.pl（未完）

```
1 #!/usr/local/bin/perl
2
3 use warnings;
4 use strict;
5
6 use lib '../perl_module';
7 use My_perl_module_v4;
8
9
10 my $readme = "
11 #######################
12 #
13 # USAGE: $0 [option]*
14 #
15 # FUNCTION: Run PVT simulation
16 #
17 # OPTION:
18 #    -netlist      file      : netlist file which can be simulated
19 #    -run_dir      directory : directory where to run simualtion
20 #    [-corner      list ]    : corner[s] to be cover, default is: tt ff ss
21 #    -volt_name    scalar    : net name of VDD
22 #    [-volt_values list ]    : values of <volt_name> to be cover,default is: 0.9
                                   1.0 1.1
```

```
23 #    [-temp          list  ]   : temperature[s] to be cover, default is: 240 300
                                    370
24 #     -net_name      scalar    : net name to report
25 #     -report        scalar    : file name of report
26 #    [-sim_opt       scalar]   : option which pass to simulate command, default is
                                    empty
27 #
28 # EXAMPLE:
29 #    $0 -netlist ./input_netlist/input_netlist.txt -run_dir ./run_dir -volt_name
       val_vdda -net_name tocheck -report ./run_dir/output.csv
30 #
31 #########################
32 ";
33
34 if ( @ARGV < 10 ) {
35   print_and_exit( $readme );
36 }
37 my (%rule_of_opt, %value_of_opt, %result_of);
38 define_opt_rule( \%rule_of_opt );
39
40 Handle_argv( \@ARGV, \%rule_of_opt, \%value_of_opt );
41
42 run_pvt( \%value_of_opt, \%result_of );
43
44 generate_report( \%value_of_opt, \%result_of );
45
46 exit 0;
47
```

第 10 ~ 32 行，声明了一个标量 $readme，也就是程序的用法简介。它是一个跨行的双引号包围的字符串。主要有用法（usage）、功能（function）、各选项（option）和例子（example）。如果选项很多，并且在逻辑上是分类的，那么建议在说明的时候，也分类说明。

第 34 ~ 36 行，判断命令行参数的数量，可直接写为 @ARGV < 2，当数组处在判断结构的条件部分时，就是处在标量环境（上下文）中，程序会将数组（如 @ARGV）转换成它的长度，即所含标量的个数。print_and_exit 是一个子例程，它输出参数的内容，然后退出程序。它是在模块 My_perl_module_v4 中定义的。

第 38 行，调用一个子例程 define_opt_rule，它的功能是定义本程序的选项和参数，我们传递给子例程的是散列的引用。该子例程的代码将在 5.5.1 节进行说明。

第 40 行，调用了来自 My_perl_module_v4 的子例程 Handle_argv，把命令行参数（@ARGV）读取到散列（%value_of_opt），并与散列 %rule_of_opt 进行对比检查，看用户的输入是否符合程序的预期（即在 $readme 中申明的那样）。

第 42 行，调用了一个子例程 run_pvt，我们预计把每次仿真的结果都存储在散列 %result_of 中。

第 44 行，最后一个子例程 generate_report，汇总所有仿真的结果。

第 46 行，主体程序的最后一行，即程序在逻辑上的最后一行。退出并返回状态 0。

至此，程序的主体完成了。我们归纳一下特点：

1）短小。一般在几十行左右，一个屏幕（不需要翻页）就可以完整显示。这样有利于读者便捷地获知此程序的整体结构和功能。

2）程序的用法放在开头位置。这样做是为了方便阅读程序代码的读者，能立即获知程序的功能，而不用翻页去搜寻可能藏在某个子例程中的用法说明。

Perl 程序没有 main 程序（C 语言有 main 程序），不必刻意编写一个 main 子例程，这样只是多此一举，完全没有必要。

5.5　各子例程

5.5.1　define_opt_rule

代码 5-2　ch05/run_pvt.pl（未完）

```
48 ### subroutines
49 sub define_opt_rule {
50   my ($h) = @_;
51   %$h = (
52     '-netlist' => {
53              'perl_type' => 'scalar',
54              'data_type' => 'inputfile',
```

```
55              },
56      '-run_dir' => {
57                  'perl_type' => 'scalar',
58              },
59      '-sim_opt' => {
60                  'perl_type' => 'scalar',
61                  'default' => [""],
62              },
63      '-corner' => {
64                  'perl_type' => 'array',
65                  'default' => ["tt", "ff", "ss"],
66              },
67      '-volt_name' => {
68                  'perl_type' => 'scalar',
69              },
70      '-volt_values' => {
71                  'perl_type' => 'array',
72                  'default' => ["0.9", "1.0", "1.1"],
73              },
74      '-temp' => {
75                  'perl_type' => 'array',
76                  'default' => [240, 300, 370],
77              },
78      '-net_name' => {
79                  'perl_type' => 'scalar',
80              },
81      '-report' => {
82                  'perl_type' => 'scalar',
83              },
84  );
85  } # define_opt_rule
86
```

这个子例程只接收了 1 个参数，就是散列的引用。然后我们在子例程中解引用，就像普通散列那样对其赋值。赋值的具体内容如我们在本程序的功能说明中的那样（见代码 5-1）。

5.5.2 run_pvt

代码 5-3   ch05/run_pvt.pl（未完）

```
87  sub run_pvt {
88    my ($hv, $hr) = @_;
89
90    my (@lines);
```

```
91    read_file_to_array( $hv->{'-netlist'}, \@lines );
92
93    my ($netlist_filename);
94    if ( $hv->{'-netlist'} =~ m{/([^/]+)$} ) {
95      $netlist_filename = $1;
96    }
97    else {
98      $netlist_filename = $hv->{'-netlist'};
99    }
100
101   my ($input_netlist, $sim_output);
102   for my $c ( @{ $hv->{'-corner'} } ) {
103     for my $v ( @{ $hv->{'-volt_values'} } ) {
104       for my $t ( @{ $hv->{'-temp'} } ) {
105         $input_netlist = generate_netlist( $hv, $c, $v, $t,
                                                $netlist_filename, \@lines );
106         $sim_output   = run_sim( $input_netlist, $hv->{'-sim_opt'} );
107         $hr->{"${c}_${v}_${t}"}
                              = get_sim_result( $sim_output, $hv->{'-net_name'} );
108       }
109     }
110   }
111
112   return 0;
113 } # run_pvt
114
```

这个子例程是整个程序的主体部分，它完成各次仿真，并存储了结果。第 91 行，我们把网表文件读入到数组（@lines）中。

第 93 ～ 99 行，我们捕获网表文件的文件名（不带路径的部分）。这样可以在仿真时保留这个文件名。

第 102 ～ 110 行，是嵌套了 3 层的循环，分别循环 '-corner'、'-volt_values' 和 '-temp'。在循环的内部是新的 3 个子例程调用，这 3 个子例程分别是生成网表的 generate_netlist，运行仿真的 run_sim，以及从结果中获取结果的 get_sim_result。我们即将介绍这 3 个子例程。

5.5.3　generate_netlist

代码 5-4 是子例程 generate_netlist 的代码。

代码 5-4   ch05/run_pvt.pl（未完）

```
115 sub generate_netlist {
116   my ($hv, $c, $v, $t, $nf, $aref) = @_;
117
118   my $subdir = $hv->{'-run_dir'} . "/" . "${c}_${v}_${t}" ;
119   make_dir( $subdir );
120
121   my $innet = $subdir . "/" . $nf ;
122
123   open my $foh, '>', $innet or die "$!";
124   for my $line (@$aref) {
125     if ( $line =~ /\b$hv->{'-volt_name'}\s*=/ ) {
126       $line =~ s/\b$hv->{'-volt_name'}\s*=\S+/$hv->{'-volt_name'}=$v/ ;
127     }
128     elsif ( $line =~ /^\s*temp\s*=/ ) {
129       $line = "temp=" . $t;
130     }
131     elsif ( $line =~ /^\s*include\s/ and $line =~ /\bsection\s*=/ ) {
132       $line =~ s/\bsection\s*=.*/section=$c/ ;
133     }
134     print $foh $line;
135   }
136   close $foh or die "$!";
137
138   return $innet;
139 } # generate_netlist
140
```

第 118～119 行，我们先新建仿真的目录。

第 121～136 行，根据先前存储网表的数组，修改这几行代码中的参数，就可以生成新的网表文件了。

第 138 行，把新生成的网表文件作为子例程的返回值，返回给它的调用者。

5.5.4　run_sim

子例程 run_sim 负责运行仿真器。

代码 5-5   ch05/run_pvt.pl（未完）

```
141 sub run_sim {
```

```
142    my ($inet, $sopt) = @_;
143
144    my $sim_out = $inet . ".log";
145    my $command = "./eda_command/my_spice.pl -i $inet -o $sim_out" . $sopt;
146
147    my $re = system( $command );
148    if ( $re != 0 ) {
149      print_and_exit( "Error: $command" );
150    }
151
152    return $sim_out;
153  } # run_sim
154
```

第 144 ～ 145 行，我们生成了包含仿真的完整命令的字符串。

第 147 行，通过 system 运行这个仿真命令，并获得系统调用的返回值。

第 148 ～ 150 行，判断系统调用的返回值，如果不等于零，则输出错误信息，并直接结束整个程序。

第 152 行，如果系统调用正常结束，就返回仿真的结果文件。

5.5.5 get_sim_result

子例程 get_sim_result 负责从仿真结果文件中获取我们需要的参数的值，并返回给调用者。

代码 5-6 ch05/run_pvt.pl（未完）

```
155 sub get_sim_result {
156   my ($f, $p) = @_;
157
158   my $re = "unknown";
159   open my $fih, '<', $f or die "$!";
160   while (<$fih>) {
161     if ( /^\s*$p\s*=\s*(\S+)/ ) {
162       $re = $1;
163       last;
164     }
165   }
166   close $fih or die "$!";
```

```
167
168    return $re;
169 } # get_sim_result
170
```

5.5.6 generate_report

最后一个子例程 generate_report 生成 CSV 格式（即以逗号分隔的行）的报告。最后一个 print 语句（第 182 行）输出这个报告文件的路径和文件名，可方便读者使用其他软件打开。

代码 5-7　ch05/run_pvt.pl（完结）

```
171 sub generate_report {
172    my ($hv, $hr) = @_;
173
174    my $output_csv = $hv->{'-report'};
175    open my $foh, '>', $output_csv or die "$!";
176    print $foh "c_v_t,$hv->{'-net_name'}\n";
177    for my $k ( sort keys %$hr ) {
178       print $foh $k, ",", $hr->{$k}, "\n";
179    }
180    close $foh or die "$!";
181
182    print "Output CSV file is: $output_csv\n";
183    return 0;
184 } # generate_report
185
186 ### END
```

至此，我们完成了整个程序的代码。

5.6　补充说明

处理结果报告的方式至少有两种。1）每次仿真结束，就获取这次的结果，等最后一次仿真一结束，所有结果都得到了，汇总一下即可。2）等仿真全部都结束，再一并处理仿真结果。本实例采取的是第 1 种方式。

处理的对象的选择也有两种。1）只处理本次程序运行的所有仿真的结果。2）处理仿真目录下的所有仿真结果。本实例选取第 1 种。

最后一个关键的问题是怎么分析结果，即如何才能知道某次仿真的结果符合规格，抑或不符合。一般来说，我们需要检查的对象是用户设置的变量，变量是在网表中定义的，这类变量的数量不定。我们假设只有一个变量，它的名称是 to_check，它的值可能是电压、电流或者其他某类值。一般我们在网表中会以某种形式的命令告诉仿真器，需要在结果中输出这个变量。一般仿真器的输出不止有一个文件，我们可以使用 Linux 命令来找到它具体在哪个文件中：

```
find . -name "*" -exec grep "to_check" {} \;
```

假设，此变量出现在 suppose_here.log 中。我们可以打开此文件，搜索到变量所在的位置。一般，它会是简单的一行，类似这样：

```
to_check: some_value
```

此外，还需要说明的是，近年有一些 EDA 软件逐渐开始支持自动化的 PVT 仿真。本章仍然可以作为学习 Perl 编程的参考，并为进一步定制需求打下基础。

第 6 章

版图设计实践

本章介绍 Perl 在版图设计（layout design）中的应用。先简要介绍版图设计的流程，以及本章要考察的 DRC（Design Rule Check，设计规则检查）过程，然后重点介绍模块（module）设计的方法，最后实现 DRC 自动化，包括导出 GDS 文件，运行 DRC，并汇总报告。本章的程序会更加充分利用 Perl 的特性，并逐步引入一些简单的技巧。

6.1 版图设计流程简介

版图设计是 IC 设计的一部分，主要完成版图的绘制（见图 6-1）。

版图工程师根据电路（schematic）所描述的各类器件以及相互的连接关系，绘制版图。在完成版图以后，需要与电路进行比对，这个过程称为 LVS（Layout Vs. Schematic）。如果有差错，则需要修正版图，如果电路有错误，则修正电路。在 LVS 比对通过以后，则需要对版图进行 DRC，目的是使版图符合生产的要求。DRC 比对的是 GDS 和设计规则（design rule），设计规则一般由

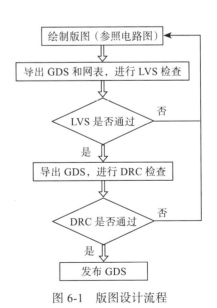

图 6-1　版图设计流程

生产厂提供。设计规则一般是一套文本文件，其中有一个总览的文件，里面会有基本信息的设置，一些开关变量的设置，还有一些调用其他文件的指示等。GDS 文件一般通过版图绘制软件导出即可，类似于 office 软件把文档导出成 PDF 文件。

6.2　DRC 程序的功能定义和参数设计

我们希望完成一个程序，它的功能包含：

1）根据版图，自动导出 GDS。

2）在指定的目录运行 DRC。

3）从结果中摘取是否完全通过验证等信息，如果违反了规则，则列出违反了哪些规则。

常用的版图编辑软件包括楷登（Cadence）公司的 Virtuoso©，新思（Synopsys）公司的 Laker©；常用的 DRC 检查软件有西门子公司的 Calibre©。

为了避免涉及商用软件的细节，本例中会夹带两个模拟 EDA 工具的程序。一个是假装导出 GDS 的程序 my_stream_gds.pl，另一个是假装检查 DRC 的程序 my_drc.pl。它们会假装接收了用户的输入，导出一个假的 GDS 文件，然后假装检查了 GDS，最后输出一些"结果"供 Perl 程序检查。相信你对代码做少量修改，就可应用到真实的工作场景中了。

综合上述功能定义，选项和参数可能包含以下内容：

❑ 版图：

```
-lib            library
-cell           cell
```

❑ 运行 DRC 的目录：

```
-run_dir        directory
```

❑ DRC 规则文件：

```
-rule                drc_rule_file
```

好了，选项参数定义好了，再选个简单的程序名，比如 run_drc.pl，我们就可以开始编写程序了。

6.3 程序的主体

这个程序中，我们不再像第 5 章那样设定许多变量，我们只使用一个变量（散列），在各个子例程之间传递此散列的引用。

代码 6-1 ch06/run_drc.pl（未完）

```
 1 #!/usr/local/bin/perl
 2
 3 use warnings;
 4 use strict;
 5 use Cwd;
 6 use File::Basename;
 7 use Data::Dumper;
 8 use lib "../perl_module";
 9 use My_perl_module_v4 ;
10
11 my $readme = "
12 #########################
13 #
14 # USAGE: $0 [option]*
15 #
16 # FUNCTION: Run DRC
17 #
18 # OPTION:
19 #    -lib        string      : library name
20 #    -cell       string      : cell name
21 #    [-rule      inputfile ] : DRC rule file, default is ./rule/drc_rule.txt
22 #    [-run_dir   directory ] : directory where to run DRC, default is ./
                                  verify/<lib>/<cell>/drc
23 #
24 # EXAMPLE:
25 #    $0 -lib library -cell cell
26 #
27 #########################
28 ";
29
30 if ( @ARGV < 2 ) {
```

```
31  print_and_exit( $readme );
32 }
33 my ( %drc );
34 define_opt_rule( \%{ $drc{'def'} } );
35 Handle_argv( \@ARGV, \%{$drc{'def'}}, \%{$drc{'arg'}} );
36 prepare_run_dir( \%drc );
37 export_gds( \%drc );
38 prepare_drc_rule( \%drc );
39 run_drc( \%drc );
40 report_result( \%drc );
41 #print(Dumper(\%drc));
42
43 exit 0;
44
```

我们预设的散列是 %drc，在调用 define_opt_rule 和 Handle_argv 时，我们传递 \%{ $drc{'def'} } 和 \%{$drc{'arg'}}，它们是散列的引用，散列 %{ $drc{'def'}} 其实是散列 %drc 中的键 def 指向的"值"。我们可以使用 print(Dumper(\%drc)) 语句来输出散列的内容。假设我们在第 35 行之后运行此 print 语句（见第 41 行），我们可以看到这样的输出：

```
$VAR1 = {
        'arg' => {
                    '-cell' => 'cell_name',
                    '-run_dir' => './verify/<lib>/<cell>/drc',
                    '-rule' => './rule/drc_rule.txt',
                    '-lib' => 'library_name'
                },
        'def' => {
                    '-run_dir' => {
                                    'default' => [
                                                    './verify/<lib>/<cell>/drc'
                                                 ],
                                    'perl_type' => 'scalar'
                                  },
                    '-cell' => {
                                    'perl_type' => 'scalar'
                                  },
                    '-rule' => {
                                    'perl_type' => 'scalar',
                                    'data_type' => 'inputfile',
                                    'default' => [
                                                    './rule/drc_rule.txt'
                                                 ]
                                  },
```

```
                    '-lib' => {
                            'perl_type' => 'scalar'
                    }
            }
        };
```

我们把定义命令行选项的散列和实际读取得到的散列合并到同一个散列中了，嵌套成散列的散列。Dumper 函数来自第 7 行 use Data::Dumper，常用的用法是 print(Dumper(\%hash)) 或 print(Dumper(\@array))，可用来检查我们的变量是否符合预期。让我们对照子例程 define_opt_rule 来看一下。

代码 6-2   ch06/run_drc.pl（未完）

```
45 ### subroutines
46 sub define_opt_rule {
47   my ($h) = @_;
48
49   %$h = (
50     '-lib' => {
51       'perl_type' => 'scalar',
52     },
53     '-cell' => {
54       'perl_type' => 'scalar',
55     },
56     '-rule' => {
57       'perl_type' => 'scalar',
58       'data_type' => 'inputfile',
59       'default'   => ["./rule/drc_rule.txt"],
60     },
61     '-run_dir' => {
62       'perl_type' => 'scalar',
63       'default'   => ['./verify/<lib>/<cell>/drc'],
64     },
65   );
66
67   return 0;
68 } # define_opt_rule
69
```

处理完命令行参数，我们把 DRC 过程拆分成了以下 5 个子例程：

代码 6-3   ch06/run_drc.pl（未完）

```
36 prepare_run_dir( \%drc );
```

```
37 export_gds( \%drc );
38 prepare_drc_rule( \%drc );
39 run_drc( \%drc );
40 report_result( \%drc );
```

为了使代码更美观和明了一些，我们也可以排列成这样：

```
36 prepare_run_dir    ( \%drc );
37 export_gds         ( \%drc );
38 prepare_drc_rule   ( \%drc );
39 run_drc            ( \%drc );
40 report_result      ( \%drc );
```

6.4　各子例程

接下来几个小节，我们将依次介绍子例程。

6.4.1　prepare_run_dir

代码 6-4：ch06/run_drc.pl（未完）

```
70 sub prepare_run_dir {
71   my ($ht) = @_;
72
73   $ht->{'arg'}{'-run_dir'} =~ s/<(.+?)>/$ht->{'arg'}{"-$1"}/g ;
74   make_dir( $ht->{'arg'}{'-run_dir'} );
75
76   return 0;
77 } # prepare_run_dir
78
```

这个子例程负责创建 -run_dir 指定的运行目录。

在第 63 行，设置 -run_dir 的默认值时，我们期望它依照我们将要输入的 -lib 和 -cell 的值而变化，我们约定一个符号 <>，留待第 73 行处理。

```
s/<(.+?)>/$ht->{'arg'}{"-$1"}/g
```

这个正则表达式替换中，<(.+?)> 匹配并捕获 <> 之间的内容，/g 表示全局捕获

（不然只捕获一个）。$ht->{'arg'}{"-$1"} 中的 $1 就是左侧捕获的内容，它可能是 lib
或者 cell。每次捕获，$1 都会是新的值。所以我们的正则表达式替换可以达成我们
的需求，把 <lib> 换成 $ht->{'arg'}{"-lib"}，把 <cell> 换成 $ht->{'arg'}{"-cell"}。

如果 $ht->{'arg'}{'-run_dir'} 是用户自己输入的参数，不需要如此替换，我们假
设用户输入的 -run_dir 的值不包含 <> 这样的特殊字符，那么第 73 行不能完成匹配
替换，其值保持原样。如果用户输入的路径中用 <>，那么我们可以把 'default' =>
['./verify/<lib>/<cell>/drc']（见代码 6-2 的第 63 行）中的 <> 替换成不常用的字符，
比如 !lib!。

最后调用自制模块中的子例程 make_dir 建立这个目录。

6.4.2 export_gds

代码 6-5　ch06/run_drc.pl（未完）

```
79  sub export_gds {
80    my ($ht) = @_;
81
82    my $ha = $ht->{'arg'};
83    $ht->{'mid'}{'gds'} = $ha->{'-run_dir'} . "/" . $ha->{'-cell'} . '.gds' ;
84    my $stream_command =    getcwd()
85                          . "/eda_command/my_stream_gds.pl"
86                          . " -library  $ha->{'-lib'}"
87                          . " -topCell  $ha->{'-cell'}"
88                          . " -strmFile $ht->{'mid'}{'gds'}" ;
89
90    my $re = system( $stream_command );
91    print_and_exit( "Error: $stream_command" ) unless $re == 0;
92    print_and_exit( "Error: stream out GDS failed: $ht->{'mid'}{'gds'}" )
                   unless -f $ht->{'mid'}{'gds'};
93
94    return 0;
95  } # export_gds
96
```

这个子例程完成导出 GDS 的任务。

第 82 行，我们声明了一个变量，指向 $ht->{'arg'}，这是一个散列的引用，

它可以让我们在后续代码中少输入一些字符。$ht->\{'arg'\}\{'some'\}$ 都可以写成 $ha->\{'some'\}$。

第 83 行，我们把 GDS 文件（含全路径）存储到 $ht->\{'mid'\}$ 这个散列，键是 'gds'。

第 84 ～ 88 行把运行的 EDA 命令（导出 GDS）存储到变量 $stream_command。字符串使用点号 "."连接，注意自主留出空格，比如 " -library"的最左侧有一个空格。

第 90 行，调用 system 运行 EDA 命令，并把返回值赋值给 $re。

第 91 行，除非 $re 为零，否则调用 print_and_exit 输出错误信息，并退出此 Perl 程序。

第 92 行，再判断一次此前的 system 是否输出了 GDS 文件。

6.4.3　prepare_drc_rule

代码 6-6　ch06/run_drc.pl（未完）

```perl
97  sub prepare_drc_rule {
98    my ($ht) = @_;
99
100   my $ha = $ht->{'arg'};
101   my (@lines, );
102   read_file_to_array( $ha->{'-rule'}, \@lines );
103
104   my %replace = (
105     '^\\s*layout\\s+path\\b' => "layout path = \"$ha->{'-cell'}.gds\"",
106     '^\\s*layout\\s+top\\b'  => "layout top = \"$ha->{'-cell'}\"",
107   );
108   replace_array( \@lines, %replace);
109
110   $ht->{'mid'}{'rule'} = $ha->{'-run_dir'} . "/"
                               . basename($ha->{'-rule'}));
111
112   $ht->{'mid'}{'report'} = get_match_word(\@lines, '^\\s*output\\s*=\\s*"([^"]+)') ;
113   print_and_exit( "Error: get report filename failed." )
                  unless $ht->{'mid'}{'report'};
```

```
114
115   write_array_to_file( $ht->{'mid'}{'rule'}, \@lines );
116
117   return 0;
118 } # prepare_drc_rule
119
```

这个子例程根据输入的 DRC rule 文件，略微调整文件中的几行内容，最后生成新的 DRC rule 文件，预备给 EDA 工具使用。

第 102 行，调用子例程 read_file_to_array（来自模块 My_perl_module_v4）把输入的 rule 全文读进数组 @lines。

第 104 ～ 108 行，准备了一个散列 %replace，作为子例程 replace_array 的输入。该散列的键是为子例程 replace_array 准备的正则表达式；对应散列的值是预备替换的字符串。子例程 replace_array 会更新 @lines 的内容，具体详情见 6.4.4 节。

第 110 行，我们把将要使用的 rule 存储到 $ht->{'mid'}{'rule'}。

basename 函数来自模块 File::Basename（见代码 6-1 的第 6 行），它的输入参数是包含路径的文件名，其返回值是不含路径的文件名。

第 112 行，我们运行子例程 get_match_word，抓取 rule（其实是数组 @lines）中输出（output）的文件名，并存储到 $ht->{'mid'}{'report'}。

第 113 行，如果第 112 行的抓取没有成功，则退出程序。

第 115 行，把 @lines 写入文件 $ht->{'mid'}{'rule'}。

6.4.4   replace_array

代码 6-7   ch06/run_drc.pl（未完）

```
120 sub replace_array {
121    my ($af, $h) = @_;
122
123    my @sources = keys %$h ;
```

```
124    for (@$af) {
125      for my $s ( @sources ) {
126        if ( /$s/ ) {
127          $_ = $h->{$s} . "\n"';
128        }
129      }
130    }
131
132    return 0;
133  } # replace_array
134
```

子例程 replace_array 根据输入的散列，遍历数组并更新数组的内容。

第 123 行，先取得输入散列（引用）的键，并存储到数组 @sources。

第 124 ～ 130 行，有两层嵌套的 for 循环，外层遍历输入数组 @$af，内层遍历 @sources。外层 for 循环中，我们没有使用局部变量，Perl 会使用自动变量 $_，并且可以通过修改 $_，来修改数组 @$af。内层 for 循环遍历 @sources。第 126 行，if 条件内的正则表达式中，左侧没有变量，所以会自动匹配变量 $_。如果匹配成功，就把 $_ 的值更新为对应此键的散列值 $h->{$s}，并补充一个回车，与数组 @$af 内其他元素保持一致，方便后续按照同样的规则输出到文件中。

6.4.5　get_match_word

代码 6-8　ch06/run_drc.pl（未完）

```
135 sub get_match_word {
136   my ($af, $reg) = @_;
137   my $re;
138   for (@$af) {
139     if ( /$reg/ ) {
140       $re = $1;
141       last;
142     }
143   }
144   return $re;
145 } # get_word_in_quot
146
```

子例程 get_match_word 根据输入的数组（引用）和标量（正则表达式），把匹配的内容返回给此例程的调用者。

第 138 ～ 143 行，有一个 for 循环，内含一个 if 判断，如果匹配了正则表达式，就把捕获的一个（也是唯一的一个）变量赋值给 $re，并退出循环，然后返回此值。

6.4.6　run_drc

代码 6-9　ch06/run_drc.pl（未完）

```perl
147 sub run_drc {
148   my ($ht) = @_;
149
150   my $rule = basename( $ht->{'mid'}{'rule'} ) ;
151   my $drc_command =   getcwd()
152                     . "/eda_command/my_drc.pl "
153                     . $rule ;
154   chdir $ht->{'arg'}{'-run_dir'};
155   my $re = system($drc_command);
156   print_and_exit( "Error: $drc_command" ) unless $re == 0;
157
158   return 0;
159 } # run_drc
160
```

子例程 run_drc 负责运行 EDA DRC 程序，获取 rule 文件信息，组合成 DRC 命令，并变更工作目录，然后运行 DRC 程序，最后检查一下结果。

第 150 行，获取即将运行的 rule 文件。

第 151 ～ 153 行，组合得到 DRC 运行命令。

第 154 行，chdir 函数会切换工作目录，将工作目录变更为 $ht->{'arg'}{'-run_dir'}。

第 155 行，调用 system，运行 DRC 命令，并把返回值赋值给 $re。

第 156 行，检查 DRC 是否正常结束。

6.4.7 report_result

代码 6-10 ch06/run_drc.pl（完结）

```
161 sub report_result {
162   my ($ht) = @_;
163   my (@lines);
164   read_file_to_array($ht->{'mid'}{'report'}, \@lines);
165   for (@lines) {
166     if ( /\b(\d+)$/ and $1 ne "0" ) {
167       print ;
168     }
169   }
170   return 0;
171 } # report_result
```

子例程 report_result 汇总了 DRC 的结果并输出这些结果。

第 164 行，把文件 $ht->{'mid'}{'report'} 的内容读取到数组 @lines。

第 165 ~ 169 行，有一个 for 循环，它遍历数组 @lines，如果某行以非零数字结尾，则输出此行。这里我们假设 EDA 工具生成的 DRC 报告是某条规则的名称和错误的数量，类似这样：

```
Rule_name_A ················· 8
Rule_name_B ················· 0
Rule_name_C ················· 8
```

那么我们的 Perl 程序的输出如下所示。

```
Rule name_A 8
Rule name_C 8
```

好了，至此全部的 run_drc.pl 程序就完成了。

6.5 补充说明

我们完成了基本的程序，还有许多值得改进的地方。比如：

1）报告的错误信息可以按照数量，从多到少排序。

2）仅知道出错的规则名称并不能反映其内容。我们可以根据规则的名称，在 DRC rule 中搜寻它的内容或者注释部分，捕获出来，放进报告中，协助阅读者理解。

3）有时，我们已有现成的 GDS 文件，是否可以新增一个 -gds 选项？

4）如果我们需要根据情况，调整一下 DRC rule 中的参数，那么我们也可以新增选项来达成这类功能。

5）是否可以支持 EDA 工具的其他命令行选项？

……

还有许多可以改进的地方，期待你持续改进。

第 7 章

数字 IC 电路设计实践

本章介绍 Perl 在数字 IC 电路设计中的应用，其中主要介绍如何自动连接 Verilog 文件。先简要介绍 Verilog 文件（电路）的人工连接，然后定义此连接程序的功能与参数，最后实现完整的程序。

在数字 IC 电路设计过程中，有时我们会先制作子模块（Verilog 文件），然后逐步制作上层模块，即把一些子模块连接起来。

如果没有程序辅助，那么人工连接的方式需要人为地一个一个查看输入的 Verilog 文件，然后搜索相关的端口和连线，手动编辑生成上层的 Verilog 文件。

7.1 Verilog 连接程序的功能定义和参数设计

为了解决手动编辑可能出现的问题，我们可以借助程序来完成这个过程。为了使程序知道怎么连接，我们需要在制作子模块时，应用一些规则，便于未来的程序识别和判断。

为了不引入过多的影响因素，我们尽量简化这个 Perl 编程实例，对 Verilog 子模块（即程序的输入）的约定如下：

❏ 子模块的（输入输出）端口，位宽都是 1。

❑ 各子模块的相同名称的端口，在上层模块中，均视为连接在一起。

❑ 子模块的某一端口：

   ○ 如果没有连接到任何其他端口，则作为上层模块的同类型端口。

   ○ 如果连接到另一子模块的不同类型的端口（input 或者 output），则此连接作为上层模块的内部连接，不作为端口。

   ○ 如果仅连接到另一子模块的相同类型的端口，则此端口作为上层模块的端口，类型不变。

本章仅介绍 Verilog 文件中与外部连接相关的语法和实例，包含三个子模块 Verilog 文件，分别是 design_A.v、design_B.v、design_C.v。为了对比检查程序的输出，有意使 Verilog 文件的输入输出端口的名称有点规律：

1）<IO>_t<Design> 表示它未来是上层（top）的端口，且来自 design_<Design>.v。

例如 input_ta 是上层模块的 input，它来自 design_A.v。

2）net_<Design1><Num1>_<Design2><Num2> 表示此 net 连接这两个 Verilog 文件，数字 1、2、3 分别表示 input、output 和 inout。

例如 net_a1_b2 表示此 net 连接了 design_A.v 的 input 和 design_B.v 的 output。

代码 7-1 ~ 代码 7-3 是三个输入文件。

代码 7-1　ch07/input_verilog/design_A.v

```
 1 module design_A ( input_ta , net_a1_b1, net_c1_a1, net_a1_b2, net_a1_b3, net_c3_
                     a1_b2,
 2                   output_ta, net_a2_b2, net_c2_a2, net_c1_a2, net_a2_b3, net_b3_
                     c1_a2,
 3                   inout_ta , net_c1_a3, net_c2_a3, net_a3_b1_c2
 4                 );
 5    input    input_ta ,
 6             net_a1_b1, net_c1_a1,
 7             net_a1_b2, net_a1_b3, net_c3_a1_b2;
 8    output   output_ta,
 9             net_a2_b2, net_c2_a2,
10             net_c1_a2, net_a2_b3, net_b3_c1_a2;
```

```
11    inout   inout_ta , net_c1_a3,
12            net_c2_a3, net_a3_b1_c2;
13
14    //assign ...
15    //always ...
16
17 endmodule
```

代码 7-2　ch07/input_verilog/design_B.v

```
 1 module design_B ( input_tb , net_a1_b1, net_b1_c1, net_b1_c2, net_b1_c3, net_a3_
                    b1_c2,
 2                  output_tb, net_a2_b2, net_b2_c2, net_a1_b2, net_b2_c3, net_c3_
                    a1_b2,
 3                  inout_tb , net_a1_b3, net_a2_b3, net_b3_c1_a2
 4                  );
 5    input   input_tb ,
 6            net_a1_b1, net_b1_c1,
 7            net_b1_c2, net_b1_c3, net_a3_b1_c2;
 8    output  output_tb,
 9            net_a2_b2, net_b2_c2,
10            net_a1_b2, net_b2_c3, net_c3_a1_b2;
11    inout   inout_tb , net_a1_b3,
12            net_a2_b3, net_b3_c1_a2;
13
14    //assign ...
15    //always ...
16
17 endmodule
```

代码 7-3　ch07/input_verilog/design_C.v

```
 1 module design_C ( input_tc , net_c1_a1, net_b1_c1, net_c1_a2, net_c1_a3, net_b3_
                    c1_a2,
 2                  output_tc, net_b2_c2, net_c2_a2, net_b1_c2, net_c2_a3, net_a3_
                    b1_c2,
 3                  inout_tc , net_b1_c3, net_b2_c3, net_c3_a1_b2
 4                  );
 5    input   input_tc ,
 6            net_c1_a1, net_b1_c1,
 7            net_c1_a2, net_c1_a3, net_b3_c1_a2;
 8    output  output_tc,
 9            net_b2_c2, net_c2_a2,
10            net_b1_c2, net_c2_a3, net_a3_b1_c2;
11    inout   inout_tc , net_b1_c3,
12            net_b2_c3, net_c3_a1_b2;
```

```
13
14     //assign …
15     //always …
16
17 endmodule
```

这些子模块 Verilog 文件是程序的输入，上层 Verilog 文件是程序的输出。在实际的数字 IC 电路设计过程中，子模块的文件通常不止几个，会有几十个甚至更多，所以会有另一个文件列出所有的子模块文件，这个文件就是清单文件。我们的程序可以接受这个清单文件作为输入。代码 7-4 是清单的内容。

代码 7-4   ch07/file_list

```
1 ### verilog list
2 input_verilog/design_A.v
3 input_verilog/design_B.v
4 input_verilog/design_C.v
```

我们的程序的两个参数如下：

```
-file_list    inputfile      : verilog file list
-output       outputfile     : output(top) verilog file
```

7.2 节，我们开始实现程序。

7.2   程序的主体

connect_verilog.pl 程序中，我们只使用一个变量（散列），在各个子例程之间传递此散列的引用，并且使用 My_perl_module_v4 模块。

代码 7-5   ch07/connect_verilog.pl（未完）

```
1 #!/usr/local/bin/perl
2
3 use warnings;
4 use strict;
5
```

```
 6 use lib "../perl_module";
 7 use My_perl_module_v4 ;
 8
 9 my $readme = "
10 ###########################
11 #
12 # USAGE: $0 [option]*
13 #
14 # FUNCTION: Connect verilog files to TOP
15 #
16 # OPTION:
17 #     -file_list    inputfile      : verilog file list
18 #     -output       outputfile     : output(top) verilog file
19 #
20 # EXAMPLE:
21 #   $0 -file_list ./file_list -output ./output/top_design.v
22 #
23 ###########################
24 ";
25
26 if ( @ARGV < 2 ) {
27   print $readme ;
28   exit 1;
29 }
30
31 my ( %converilog );
32 define_arg( \%{ $converilog{'def'} } );
```

第 32 行，define_arg 定义参数的类型。子例程 define_arg 的定义如代码 7-6。

代码 7-6　ch07/connect_verilog.pl（未完）

```
42 ### subroutines
43 sub define_arg {
44   my ($h) = @_;
45   %$h = (
46     '-file_list' => {
47       'perl_type' => 'scalar',
48       'data_type' => 'inputfile',
49     },
50     '-output' => {
51       'perl_type' => 'scalar',
52     }
53   );
54 }
```

两个参数（-file_list 和 -output）所要求的参数值都是标量，-file_list 要求其参数值是输入文件。

```
33 Handle_argv( \@ARGV, \%{ $converilog{'def'} }, \%{ $converilog{'arg'} } );
```

第 33 行，来自我们的自制模块的子例程 Handle_argv，根据命令行参数（@ARGV）和 %{ $converilog{'def'} }，把参数读取并存储到散列 %{ $converilog{'arg'} } 中。

这样，我们就处理完了命令行参数。

接下来，我们把整个程序拆分成以下几个步骤（即子例程）。

代码 7-7　ch07/connect_verilog.pl（未完）

```
34 read_file_list( \%converilog );
35 read_verilog_file( \%converilog );
36 con_top_verilog( \%converilog );
37 generate_lines( \%converilog );
38 output_verilog( \%converilog );
39
40 exit 0;
```

这样，程序的主体部分就完成了。接下来，我们按次序介绍这些子例程。

7.3　各子例程

7.3.1　read_file_list

代码 7-8　ch07/connect_verilog.pl（未完）

```
55 sub read_file_list {
56   my ($h) = @_;
57
58   open my $fih, '<', $h->{'arg'}{'-file_list'} or die "$!";
59   while (<$fih>) {
60     if ( /^\s*([^#]\S+)/ ) {
61       push @{ $h->{'vfiles'} }, $1;
62     }
63   }
```

```
64    close $fih or die "$!";
65    return 0;
66  } # read_file_list
67
```

此子例程读取 $h->{'arg'}{'-file_list'} 的内容，把非 # 开头的行，都存入数组
@{ $h->{'vfiles'} } 中。

7.3.2　read_verilog_file

代码 7-9　ch07/connect_verilog.pl（未完）

```
68  sub read_verilog_file {
69    my ($h) = @_;
70    my ($flag, $mod, $io, $tmp, @tmps);
71    $flag = 0;
72    for my $f ( @{ $h->{'vfiles'} } ) {
73      open my $fih, '<', $f or die "$!";
74      while (<$fih>) {
75        if ( /^\s*module\s+([^(\s]+)/ ) {
76          $mod = $1;
77        }
78        elsif ( /^\s*((?:input)|(?:output)|(?:inout))\s+(.*)$/ ) {
79          ($io, $tmp) = ($1, $2);
80          @tmps = split /[,;\s]+/, $tmp ;
81          for my $t ( @tmps ) {
82            push @{ $h->{'mod'}{$mod}{$io} }, $t;
83            push @{ $h->{'mod'}{$mod}{'ports'} }, $t;
84          }
85          if ( $tmp =~ /;/ ) {
86            $flag = 0;
87          }
88          else {
89            $flag = 1;
90          }
91        }
92        elsif ( $flag == 1 and /^\s*(.*)/ ) {
93          $tmp = $1;
94          @tmps = split /[,;\s]+/, $tmp ;
95          for my $t ( @tmps ) {
96            push @{ $h->{'mod'}{$mod}{$io} }, $t;
97            push @{ $h->{'mod'}{$mod}{'ports'} }, $t;
98          }
99          if ( $tmp =~ /;/ ) {
100           $flag = 0;
```

```
101          }
102        }
103      }
104    close $fih or die "$!";
105    }
106    return 0;
107  } # read_verilog_file
108
```

此子例程负责读取清单文件中所含的输入 Verilog 文件。

第 72 ～ 105 行，是一个 for 循环，遍历读取 @{ $h->{'vfiles'} } 中的元素到变量 $f。

第 73 ～ 104 行，读取文件 $f。

第 75 ～ 102 行，是一个 if/else 判断结构。

第 75 ～ 77 行，通过正则表达式判断，读取 module 的名称，并存储到 $mod 变量中。

第 78 ～ 91 行，是一个 elsif 分支，读取各种端口名称，比如 input、output、inout 等。

```
/^\s*((?:input)|(?:output)|(?:inout))\s+(.*)$/
```

上述正则表达式中（见第 78 行），由于我们需要一次处理 3 种端口类型，因此在分类符号 | 的两侧，需要使用圆括号包围端口类型名称。因为 ()|()|() 的外层还有一层圆括号，它会捕获 3 种端口类型之一，由于我们无须捕获各个端口类型，在圆括号内部的最左侧，使用 ?: 表示不捕获本圆括号即可，所以在后续的 (.*) 捕获的是第 2 个变量。

第 80 ～ 84 行，我们首先使用 split 函数，把标量拆分成数组，其中使用正则表达式 /[,;\s]+/ 表示的变量作为间隔符号。然后使用一个 for 循环遍历此数组，把端口名称都存入相对应的端口类型的数组（@{ $h->{'mod'}{$mod}{$io} }）中，同时都存入总的端口数组（@{ $h->{'mod'}{$mod}{'ports'} }）中。

第 85～90 行，判断这行 Verilog 输入是否结束。Verilog 语法约定分号（;）表示结束。如果结束，就设置变量 $flag 为 0；否则设置为 1。

第 92～102 行，继续处理 $flag 为 1 的情况，即处理 Verilog 的描述某类端口的行。我们依样画葫芦，把行的内容拆分成数组，继续补充存入 @{ $h->{'mod'}{$mod}{$io} } 和 @{ $h->{'mod'}{$mod}{'ports'} }。如果本行包含 Verilog 的行结束符号（;），那我们就设置 $flag 为 0；否则就继续维持 $flag 为 1。

至此，我们读取 Verilog 文件的子例程已经完成，并得到 @{ $h->{'mod'}{$mod}{$io} } 和 @{ $h->{'mod'}{$mod}{'ports'} } 两个数组。

7.3.3　con_top_verilog

代码 7-10　ch07/connect_verilog.pl（未完）

```
109 sub con_top_verilog {
110   my ($h) = @_;
111
112   my $hm = $h->{'mod'};
113   my $ht = \%{ $h->{'top'} };
114
115   for my $design ( keys %$hm ) {
116     for my $dir ( "input", "output", "inout" ) {
117       next unless exists $hm->{$design}{$dir};
118       for my $p ( @{ $hm->{$design}{$dir} } ) {
119         $ht->{'candidate'}{$p}{$dir} = 1;
120       }
121     }
122   }
123   for my $p ( keys %{ $ht->{'candidate'} } ) {
124     if (     exists $ht->{'candidate'}{$p}{'input'}
125         and exists $ht->{'candidate'}{$p}{'output'}
126       ) {
127       push @{ $ht->{'wire'} }, $p;
128     }
129     elsif ( exists $ht->{'candidate'}{$p}{'inout'} ) {
130       push @{ $ht->{'inout'} }, $p;
131       push @{ $ht->{'ports'} }, $p;
132     }
133     elsif ( exists $ht->{'candidate'}{$p}{'input'} ) {
134       push @{ $ht->{'input'} }, $p;
135       push @{ $ht->{'ports'} }, $p;
```

```
136        }
137        elsif ( exists $ht->{'candidate'}{$p}{'output'} ) {
138          push @{ $ht->{'output'} }, $p;
139          push @{ $ht->{'ports'} }, $p;
140        }
141        else {
142          print "Unknown error\n";
143        }
144      }
145      return 0;
146  } # con_top_verilog
147
```

这个子例程将根据此前读取到的散列 %converilog 的内容，以及关于子模块组合成上层模块的规则，来生成上层的各类端口。

第 112 行和第 113 行，我们新定义两个标量 $hm 和 $ht，分别存储 $h->{'mod'} 和 $h->{'top'}，$h->{'mod'} 和 $h->{'top'} 都是指向（散列的）散列的引用。由于第一次创建 $h->{'top'}，我们需要告诉 Perl 程序，这是一个散列引用，因此我们需要通过 %{ $h->{'top'} } 来指明这是一个散列，前置的 \ 表示这是一个引用。

第 115 ～ 122 行，有三层嵌套的 for 循环，最外层是子模块，中间层是端口类型，最内层是各个端口。我们把所有的端口及其类型都存储在散列 $ht->{'candidate'} 中，第一层键（key）是端口名称，第二层键是端口类型，其值（value）都是 1。

第 117 行，如果某个子模块的某类端口缺失，则使用 next 略过此循环，继续下一个循环元素。unless 可以后置在语句的尾部，这也是 Perl 的一个特点。

第 123 ～ 144 行，一个 for 循环遍历刚刚得到的散列 % {$ht->{'candidate'}}。for 循环中内含一个 if/else 判断分支。

第 124 ～ 128 行，如果某个端口既连接到 input，又连接到 output，那么根据规则，认为它是 wire，把它存入数组 @{ $ht->{'wire'} } 中。

第 129 ～ 140 行，分别处理各类端口类型，把端口存入相对应的数组中，同时也存入数组 @{ $ht->{'ports'} }。

第 141 ～ 143 行，保留一个 else 处理超出我们预期的情况。多数情况下，保留一个 else 是一个不错的编程习惯。

7.3.4　generate_lines

代码 7-11　ch07/connect_verilog.pl（未完）

```
148 sub generate_lines {
149   my ($h) = @_;
150
151   my $ht = $h->{'top'} ;
152   my $af = \@{ $h->{'lines'} };
153
154   my $top;
155   if ( $h->{'arg'}{'-output'} =~ m{/([^/]+).v$}i ) {
156     $top = $1;
157   }
158   else {
159     $top = "top";
160   }
161   my $line = "module $top (";
162   my $sep = ", ";
163   $line .= join $sep, @{ $ht->{'ports'} };
164   $line .= " );";
165   push @$af, $line;
166
167   for my $dir ( "input", "output", "inout", "wire" ) {
168     next unless exists $ht->{$dir};
169     $line = $dir . " ";
170     $line .= join $sep, @{ $ht->{$dir} };
171     $line .= ";";
172     push @$af, $line;
173   }
174
175   my $hm = $h->{'mod'} ;
176   for my $design ( keys %$hm ) {
177     $line = "$design inst_$design ( ";
178     $line .= join $sep, map { ".${_}($_)" } @{ $hm->{$design}{'ports'} };
179     $line .= " );";
180     push @$af, $line;
181   }
182
183   push @$af, "endmodule";
184   return 0;
```

```
185 } # generate_lines
186
```

此子例程中，我们组合 7.3.3 节得到的上层 Verilog 文件的端口信息，再根据 Verilog 的语法，组合生成一个数组 @{ $h->{'lines'} }，这个数组中包含上层 Verilog 文件的内容，数组的每一个元素对应文件的一行。这个子例程不考虑各行的长度，但子例程 output_verilog 会考虑。

第 152 行，将 $af 定义为一个指向数组的引用，这个数组就是当前还不存在的 @{ $h->{'lines'} }，所以我们需要使用 \@{ $h->{'lines'} }。

第 154 ～ 160 行，我们对输出文件的文件名进行正则表达式匹配，捕获 .v 之前的文件名（不含路径）作为上层 Verilog 文件的模块名，这也符合惯例。

第 161 ～ 162 行，定义了两个变量 $line 和 $sep。前者是行的内容，后者是分隔符号。

第 163 行，我们使用 join 函数，它接收两个参数，第一个参数是连接字符，第二个参数是数组，它把数组中的所有元素按照次序拼接起来，每两个元素之间使用连接字符作为"黏合剂"。比如 join "XYZ", ("a", "b", "c") 会得到一个标量 "aXYZbXYZc"。同时，我们把 join 的结果补充到 $line 的尾部，使用 .= 运算符，$x .= $y 相当于 $x = $x . $y。

第 164 行，我们根据 Verilog 的语法，为 $line 补充 ");"。

第 165 行，把 $line 存入数组 @{ $h->{'lines'} }。

第 167 ～ 173 行，有一个 for 循环，遍历 "input", "output", "inout", "wire" 这四种我们之前处理过的端口类型。其实我们也可以使用 keys %{$ht->{$dir}}，但是如果使用它，我们不易控制四种端口之间的先后次序。

第 169 行，初始化 $line。

第 170 行，该行也使用 join 函数，来扩充 $line。

第 171 行，根据 Verilog 语法，补充一个 ";"。

第 172 行，for 循环中，最后把 $line 存入数组 @{ $h->{'lines'} }。

第 175 ～ 181 行，与第 167 ～ 173 行的处理类似，其中多引入了一个 map 函数。在代码 7-11 中，map 函数接收了两个参数，一个是数组 @{ $hm->{$design}{'ports'}}，另一个是一段代码（或称代码块）。map 函数对数组中的每个元素应用代码块的代码，产生一一对应的新元素，并组合成数组，$_ 是数组中的元素。我们看一个更简单的实例：

```
@new_array = map { ".${_}($_)" } ( "a", "b", "c" );
#now @ new_arraay = ( ".a(a)", ".b(b)", ".c(c)" )
```

由此可知，第 178 行会依照 Verilog 对应端口调用的方式——.port(net) 来调用子模块。

最后，第 183 行，补充上层模块的最后一行——endmodule。至此，本子例程结束了。我们得到了一个数组 @{ $h->{'lines'} }，它包含上层 Verilog 的全部内容，只是它的每行长度可能比较长，我们看看后续的子例程如何处理。

7.3.5　output_verilog

代码 7-12　ch07/connect_verilog.pl（完结）

```
187 sub output_verilog {
188   my ($h) = @_;
189
190   my $indent = " "x4 ;
191   my (@tmps, $toprint);
192   open my $foh, '>', $h->{'arg'}{'-output'} or die "$!";
193   for my $line ( @{ $h->{'lines'} } ) {
194     @tmps = split " ", $line;
195     $toprint = shift @tmps;
196     for my $t (@tmps) {
197       if ( length( "$toprint $t" ) > 78 ) {
198         print $foh $toprint, "\n";
199         $toprint = $indent . $t;
200       }
201       else {
```

```
202          $toprint .= " $t";
203        }
204      }
205    print $foh $toprint, "\n\n";
206  }
207  close $foh or die "$!";
208
209  return 0;
210 } # output_verilog
```

这个子例程负责把数组 @{ $h->{'lines'} } 中的全部内容输出到输出文件中，并对行的长度进行裁剪。

第 190 行，我们预先定义一个变量，它表示当长度过长，需要换行时，我们在行首的缩进。该子例程中我们使用 4 个空格作为缩进。我们可以使用 x 运算符，它表示 x 左侧的字符复制 n 份（x 右侧的数字是 n）。所以 "AB"x4 就是 "ABABABAB"。

第 192 行，准备好输入到输出文件的文件句柄。

第 193 ～ 206 行，有一个 for 循环，遍历数组 @{ $h->{'lines'} } 的每个元素。

第 194 行，我们使用 split 函数，它把标量拆分成数组。第一个参数 " "（一个空格）就是分隔符，它表示在空格处拆分变量 $line，此空格本身不会被包含在拆分得到的数组的元素中。这样我们得到了各个单词（不含空格）。

第 195 行，我们把临时数组 @tmps 的第一个元素取出并赋值给 $toprint。shift 函数的功能是取出数组的最左侧的（序号最小的）一个元素。

第 196 ～ 204 行，有一个 for 循环，遍历临时数组 @tmps。

第 197 ～ 203 行，有一个 if/else 判断结构。条件中使用了 length 函数，它返回参数的字符串长度。如果当前的 $toprint 加上一个空格，再加上 $t 的组合的字符串长度果大于 78（我们预设的每行的字符数上限），那么我们就先输出 $toprint，然后换行，使 $toprint 的值为 $indent . $t。如果字符串组合的长度不大于 78，那么我们就接受这个组合，延展 $toprint，把一个空格和 $t 补充到它的右侧。

第 205 行，把最后保存在 $toprint 里的内容也输出到文件中，这样可以保证输出没有遗漏。

第 207 行，关闭文件句柄。

至此，本子例程完结。

7.4 补充说明

我们继续说说还有哪些可以改进的。

1）我们假设线的位宽都是 1，但这显然不符合实际情况。你可自行改进程序，先捕获位宽的信息，然后存储到散列中。后续的连接子例程也需要做相应的修改。

2）有关输入输出的连接假设未必符合实际情况。实际的需求可能会更复杂。

希望本章的实例（connect_verilog.p1）可以成为你实现真实需求的第一级台阶。

第 8 章

提升代码质量

经过前七章的学习，相信你已经可以写出能运行的代码了，这距离我们的远大目标越来越近了。本章的目标就是和读者朋友一起看看，如何继续提升代码质量。本章的主要内容包括：代码规范建议、中文处理、递归等。

8.1 正确的代码

正确的代码是结果符合预期的代码。首先，它必须可以运行，不能含有语法错误。其次，它应该能在合理的时间内结束，不能耗费太长的时间。之后的几个小节中，我们将介绍一些技巧，辅助我们写出正确高效的代码。

8.1.1 use strict

此前我们的实例中都使用了以下两行代码：

```
use strict;
use warnings;
```

它们看上去很像调用模块，它们的术语名词是 pragma，是一种在程序的编译期间起作用的特殊模块。

9.3.1 节中将介绍 use strict 的功能。这里我们先看看它能如何帮助我们提升代码质量。

代码 8-1　ch08/strict_1.pl

```
1 #!/usr/local/bin/perl
2
3 my $str1 = "strict";
4 print $strl, "\n";
5
6 exit 0;
```

运行代码 8-1 后，只输出了空的一行：

并没有输出我们期望的 strict。因为在第 4 行中，我们试图输出一个新的全局变量 $strl（最后一个是字母 L 的小写），而不是我们在第 3 行赋值的 $str1（数字 1）。默认情况下，Perl 允许在使用变量之前不声明变量，且把未声明的变量视为全局变量，未赋值的变量根据其所处位置，自动给予默认值。未被声明和赋值的变量在字符串中，表现为空字符串；在数学运算中，表现为 0。所以虽然我们使用了一个未被声明和赋值的全新的变量，Perl 也可以继续运行。为了避免误用未声明的变量，我们应该借用 use strict; 来协助我们检查：

代码 8-2　ch08/strict_2.pl

```
1 #!/usr/local/bin/perl
2 use strict;
3 my $str1 = "strict";
4 print $strl, "\n";
5
6 exit 0;
```

运行代码 8-2 后，并不会输出预期的内容，而是输出以下信息：

```
Global symbol "$strl" requires explicit package name (did you forget to declare "my
  $strl"?) at ./strict_2.pl line 4.
Execution of ./strict_2.pl aborted due to compilation errors.
```

它要求变量在使用之前必须声明，并友好地提示：你是否忘记使用 my 声明变量？这很好地提醒我们，我们使用了一个自己误输入的变量。

use strict；还会带来一个副作用，它不允许运行字符串指向的子例程。请看代码 8-3。

代码 8-3   ch08/strict_3.pl

```perl
1 #!/usr/local/bin/perl
2 use strict;
3 my $to_run = "try";
4
5 &$to_run;
6
7 exit 0;
8
9 ### sub
10
11 sub try {
12   print "try\n";
13 }
```

运行代码 8-3 后，会输出：

```
Can't use string ("try") as a subroutine ref while "strict refs" in use at ./
  strict_3.pl line 5.
```

如果你特别想使用这种方式调用子例程，那么我们可以告诉 use strict 行个方便（给一个例外），我们可以使用 no strict 'refs'：

代码 8-4   ch08/strict_4.pl

```perl
1 #!/usr/local/bin/perl
2 use strict ;
3 no strict 'refs';
4 my $to_run = "try";
5
6 &$to_run;
7
8 exit 0;
9
10 ### sub
11
12 sub try {
```

```
13    print "try\n";
14 }
```

运行代码 8-4 后，会输出：

```
try
```

第 3 行中的 no strict 'refs'; 告诉 Perl 不检查此类引用型的使用方式。

建议你在编辑代码时，在代码头部写上这行：use strict;，或者根据需要再加上 no strict 'refs'。如果你对运行速度极其敏感，那么你可以在确认没有问题的前提下删掉这行（use strict;），理论上运行速度会快一点（很可能你感觉不到）。

8.1.2 use warnings

这是第 2 个有用的 pragma。它会输出各类警告信息，但是不影响程序继续运行。

9.3.2 节将介绍 use warnings 的功能。

为了提升我们的代码质量，减少出乎意料且不易察觉的情况，我们应该使用 use warnings 来提醒自己，并根据提示修正代码，尽量做到无警告运行。

代码 8-5 ch08/warnings.pl

```
 1 #!/usr/local/bin/perl
 2
 3 #use warnings;
 4
 5 my ($line, $reg);
 6 $line = "str";
 7 $reg = some_sub();
 8
 9 if ( $line =~ /$reg/ ) {
10   print "match\n";
11 }
12 else {
13   print "not match\n";
14 }
```

```
15
16 exit 0;
17
18 sub some_sub {
19
20 }
```

运行代码 8-5 后，会输出：

```
match
```

其实，第 7 行子例程没有成功返回一个值，并赋值给 $reg，运行第 7 行后，$reg 是未定义值。在第 9 行，相当于 $line =~ // 作为 if 的条件，它返回真，所以才输出了 match。

为了避免出现这样的失误，我们去掉第 3 行的注释符号 #，再运行一次，会输出：

```
Use of uninitialized value $reg in regexp compilation at ./warnings.pl line 9.
match
```

程序会多输出一个警告信息，提醒我们 $reg 没有初始值。

8.1.3   程序的结构

严格说来，程序的结构不是程序正确的必要条件。但是，良好的结构有助于达成正确的程序。

有两个正确且功能相同的程序，第一个程序没有子例程，也没有使用模块，仅有一个主体程序，长达 10 000 行。第二个程序拆成了 100 个子例程，平均每个子例程为 100 行左右，外加主体程序 100 行（调用这些子例程），总共约 10 100 行。虽然第二个程序的代码还略长一些，但是它具有明显的优势：

❏ 更利于逐步完成搭建
❏ 更利于增减功能
❏ 更利于阅读和理解

与其要求自己连续写出很多行的不出错的主体程序，不如把这个任务分解成难度较低的任务——编写数个子例程。如此一来，我们就可以自顶向下逐步构建并验证程序。

主体代码多少行合适呢？子例程多少行合适呢？初学 Perl 时我也很迷茫。我们在编写或调试代码时，最常做的就是对照前后文检查。那么最理想的状态就是：这些相关的代码都在同时可见的范围之内，即不用翻页前后搜寻。前后翻页的弊端是，我们需要在大脑中记住刚才翻过去的那一页（甚至是多页）的相关内容，这会增加大脑负担。我们可以尽量压缩主体程序和各个子例程，使它们都能在一个页面中完整显现。你可以根据自己的实际情况，比如屏幕大小和字体大小等，来决定它们的行数，通常为 50 ～ 90 行。

程序的主体（即顶层部分）通常只包含声明变量和调用子例程，一般不包含控制结构，比如 if、for、while 等，更不包含 open 等普通语句。

建议将程序的用法、功能、选项和实例等放在程序的主体部分，如此一来一打开程序就可以看到此程序的概貌，有助于理解或修订程序。

虽然可以，但是不建议把程序的主体部分再包装成一个 main（或其他名称）的子例程。

程序的逻辑的结尾处，应该有明确的退出语句 exit 0 或者其他常量或变量。这有利于向它的读者表明，主体程序到此结束。

汇总以上建议，我们的程序的结构看起来如代码 8-6 所示。

代码 8-6 ch08/structure.pl（此程序不能运行）

```
1 #!/usr/local/bin/perl
2
3 use strict;
4 use warnings;
5
6 use other_module;
7
```

```
 8 my $readme = "…";
 9
10 my (…);
11
12 sub_1 ( … );
13 sub_2 ( … );
14 …
15
16 exit 0;
17
18 sub sub_1 { … }
19 sub sub_2 { … }
```

如此这般，我们先编写第 1 ～ 12 行和第 18 行，经过运行验证（在 8.1.4 节介绍如何验证）以后，我们继续编写第 13 行和第 19 行，步步为营。

如果程序整体规模较大，依次运行的子例程数量较多，导致不翻就无法看到 exit，那么我们可以把关系紧密的数个连续运行的子例程再包裹进一个新的子例程，这样可以有效缩短主体部分的长度。额外带来的运行开销，几乎可以忽略不计。因此，这样做是划算的。

8.1.4   轻度 debug

和其他编程语言的 debug 手段相比，Perl 常用的 debug 手段简直就是小儿科，但是也很好用。所以本节的标题是"轻度 debug"。

依照前几个小节的建议，我们 debug 的主要对象是一个个子例程，而且它们的规模都不大。开启 use strict 和 use warnings 两个 pragma，我们可以避免低级的语法错误。一般情况下，它们对错误的定位准确，精确到行号。但也有例外，它们指示的行号不准确。

代码 8-7   ch08/debug.pl

```
1 #!/usr/local/bin/perl
2
3 use strict;
4 use warnings;
5
```

```
 6 my $str = "ssdf" ,
 7
 8 #
 9 # there are many lines here
10 #
11
12 print $str , "\n";
13
14 exit 0;
```

运行后的输出是:

```
Global symbol "$str" requires explicit package name (did you forget to declare "my
  $str"?) at ./debug_1.pl line 12.
Execution of ./debug_1.pl aborted due to compilation errors.
```

其实错误在第 6 行，而不是在第 12 行，第 6 行的行尾的逗号应该是分号。

所以，不必拘泥于程序的提示，应该在提示相关的地方仔细检查。

除了开启 use strict 和 use warnings 两个 pragma，另一个常用的 debug 工具是 print 语句。在结果不符合预期且没有其他语法错误时，我们都可以插入一些 print 语句，来输出更多的细节，主要用于输出变量的值，来跟自己的估算进行比对。

另外，Data::Dumper 模块可以协助我们检查数据结构及其内容，请参见 9.3.6 节。

如果你有兴趣了解和学习更多的 debug 工具，可参见 perldoc perldebug。

8.2 好看的代码

什么是好看的代码？这可能需要仁者见仁，智者见智。本节中，我们尝试一些可能的做法，尽量让自己的代码更好看一些。

8.2.1 缩进和大括号

保持代码的合理缩进是为了使代码的逻辑结构一目了然，也避免自己陷入陷阱中。一般我们缩进偶数个空格，比如 2、4、8 个空格作为一级缩进。无论选择几个空格，都需要在所有程序代码中尽量保持一致。

以下这段不算复杂的代码，初学者可能不容易一下子分清 else 属于哪个 if。

```
if () {
if () {
  }
}
else {
}
```

每多一层嵌套，就多缩进一层。

```
for () {
  while () {
    if () {
      for () {
      }
    }
    else {
    }
  }
}
```

子例程 {} 之内的内容也整体缩进：

```
sub sub_1 {
  my (…) = @_;
  …
  return 0;
}
```

控制结构、循环结构和子例程都有大括号。建议左侧的大括号与其左侧的字符在同一行，就像我们一直以来的写法。不建议另起一行：

```
for ()
{
}
```

虽然这样也没错，但是有两个小小的缺点：

❏ 多占了一行。

❏ {} 未必就对应上方的语句。因为 {} 可以单独使用，表示独立的代码块。

```
if ( complex condition ················ ) { ··· };
{
}
```

上述代码的倒数两行的 {} 其实跟 if 没有关系，只是自己独立的一段代码而已。

右侧的大括号 }，建议与对应的关键字 if、for 等保持一样的缩进，即左侧对齐。它也同样多占了一行，但这是为了更醒目，如果 } 藏在前面一句的末尾，我们很难判断这段程序是否结束。

```
for () {
  # some
  # and more
  # sentence }
```

我们要仔细检视每一行的最后有没有 } 来结束这个循环体。不如使 } 单独占一行并保持左侧对齐，这样我们一眼就可以判断出它结束的位置。

8.2.2　断行

8.2.1 节，介绍了纵向的代码排布，本节介绍一下横向的代码排布建议。虽然多数文本编辑器允许的单行字符数量都很大，但是我们会尽量避免太长的单行代码，这样做有几点好处。首先，看起来不方便，可能要滚动横向的滚动条；其次，复杂的内容不易解读；最后，当排版或打印出来后，不美观。

复杂的逻辑组合时常造成过长的单行代码。

```
if ( $flag == 1 and $line =~ /^some (\S+) (\S+)/ or $flag == 2 and $line =~ /^other
  (\S+) (\S+)/ and $1 eq 'a' or $flag == 3 and $line =~ /else/ ) {
  #···
}
```

建议按照逻辑组合的层级关系断行拆开：

```
if (    ($flag == 1 and $line =~ /^some (\S+) (\S+)/)
     or (    $flag == 2
         and $line =~ /^other (\S+) (\S+)/
         and $1 eq 'a' )
     or ( $flag == 3 and $line =~ /else/ )
```

```
    ) {
  #…
}
```

这样是不是更清楚了？由于条件复杂，因此 if () 的右括号）最好单独占一行，和（纵向对齐，然后紧跟 {。这样容易检查 if 的条件的范围。

print 语句也可能遇到同样的问题。

```
print $s1, "A", … $too_much_vars, …;
```

我们可以在任意一个逗号后进行断行，使每行待输出的内容，左侧对齐，如下所示：

```
print $s1, …
      $s2, …
      … ;
```

另外，较长的赋值语句也可以在操作符两侧断行，我们一般把操作符放在新起一行的行首，这样更明确本行的作用，同时缩进也略做调整：

```
$str = $a1 . "somethine" . $a2 . "…" . $a3 . "…" ;
```

可以写成：

```
$str =   $a1 . "somethine"
       . $a2 . "…" . $a3 . "…" ;
```

总之，Perl 的语法很灵活，断行后既有助于阅读，也更加美观。

8.2.3　注释

Perl 的注释以 # 开始，# 放置的位置很灵活。但是为了不和其他代码混淆，最好让 # 独立成行，紧挨着需要说明的代码，通常在要说明的代码的上方。

注释的缩进与相关的代码对齐。

通常简单的 Perl 代码不需要注释，复杂一些的代码可以加一些注释，注释中一般不说明代码的功能，因为功能已经由代码表示清楚了，而是说明如此编写代码的原因。特别是处理特殊情况的一些代码，一段时日以后，很可能自己都遗忘了当初如此编写代码的原因。几个月以后，维护它的同事来追问我们详情时，如果我们记得所有细节，那当然是最好的情况；否则，在编辑代码时，我们应该在关键的容易遗忘的地方添加一些注释，来帮助几个月之后的自己。

常见的注释位置可参考以下代码：

```
sub {
  my (…) = @_;
  # comments about this sub
}
…
elsif (…) {
  # comments about this "elsif"
  other sentence
}
…
#comments about "for"
for () {}
…
#comments about "while"
while () {}
```

虽然可以在数据中添加注释，但是需要谨慎：

```
my %one_hash = (
  "a" => …,
  "b" => …,
  #special comments for "c"
  "c" => …,
);
my @strs = (
  "a",
  "b",
  # comments for "c"
  "c",
);
```

8.2.4 POD

POD（Plain Old Documentation）是一种用来为 Perl 程序或模块编写文档的标

记型语言。我们常见的网页 HTML 也是一种标记型语言，POD 比 HTML 简单得多。依照 POD 语法来编写的文档通常称为 POD。后文大部分 POD 是指文档本身。

POD 与 Perl 代码写在同一个文件中，程序运行时，会忽略所有的 POD。这些 POD 可以通过专门的命令抽取出来，转换成 TXT、HTML 或者 Latex 等文件格式，形成独立的说明文档。

请看一个简单的实例（见代码 8-8）。

代码 8-8　ch08/pod.pl

```
 1 #!/usr/local/bin/perl
 2
 3 use strict;
 4 use warnings;
 5
 6 =head1 function
 7   This is an easy example for pod
 8 =cut
 9 run_sub_1();
10 run_sub_2();
11
12 exit 0;
13
14 =head1 subroutine
15
16 =head2 run_sub_1()
17    Here is some comments for run_sub_1()
18 =cut
19 sub run_sub_1 {
20   print "pod 1\n";
21 }
22
23 =head2 run_sub_2()
24    Here is some comments for run_sub_2()
25 =cut
26 sub run_sub_2 {
27   print "pod 2\n";
28 }
```

运行代码 8-8 后，会输出：

pod 1

```
pod 2
```

如果运行 pod2txt pod.pl，则会输出：

```
function
  This is an easy example for pod
subroutine
  run_sub_1()
    Here is some comments for run_sub_1()
  run_sub_2()
    Here is some comments for run_sub_2()
```

我们再回看代码本身，一些等号"="开头的行就是 POD 的语法。它会影响后续的内容，直到 =cut 出现。head1 和 head2 表示标题的级别。在 TXT 文件中无法看出它们的明显区别。如果我们使用命令把 POD 转成 HTML 格式：

```
pod2html pod.pl > pod.html
```

然后使用网页浏览器打开此 HTML 文件，则可以看到网页的效果，如图 8-1 所示。

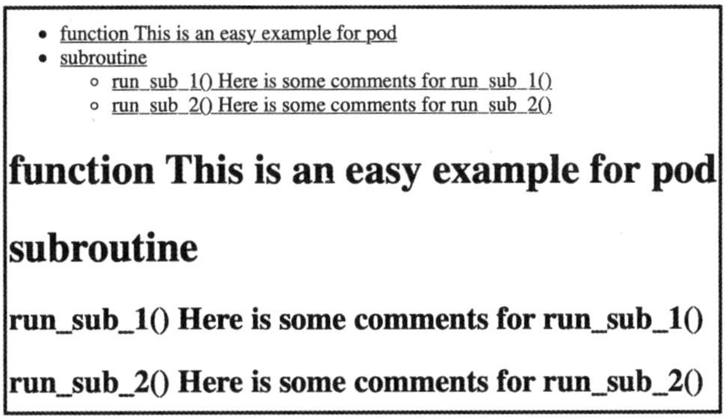

图 8-1　POD HTML 效果

8.3　中文处理

Perl 在内部使用 utf8 来表示字符的，所以支持中文等其他语言。

8.3.1　常量

在注释或常量部分，可直接使用中文，如：

```
# 中文注释
my $str = " 壹 ";
print $str, " 贰 ", "\n";
```

上述代码输出：

壹贰

在命令行参数和正则表达式部分，也可直接使用中文，如：

代码 8-9　ch08/chinese_1.pl

```
 1 #!/usr/local/bin/perl
 2
 3 if ( $ARGV[0] =~ / 长江 / ) {
 4   print $ARGV[0], " 匹配 长江 \n";
 5 }
 6 else {
 7   print $ARGV[0], " 不匹配 长江 \n";
 8 }
 9
10 exit 0;
```

如果运行以下代码：

```
./Chinese_1.pl 长江
```

则输出：

长江 匹配 长江

8.3.2　变量名

虽然不建议，但是我们也可以使用中文变量名，这时，我们需要使用 use utf8，如：

```
use utf8;
my $ 中文变量名 = "Haha";
```

```
print $中文变量名 , "\n";
# Haha
```

8.3.3　文件的内容

文件通常有相应的字符集，比如 ascii、gb2312 和 utf 是较常用的字符集。我们有时可能需要处理来自 Windows 操作系统的文件，它的字符集通常与 Linux 的字符集不同。如果内容中包含中文，那么我们很可能会看到乱码。

我们有一个文件 file_from_Windows10.txt，它是在 Windows 中编辑的文件，文件中只有一行内容：

这是在 Windows 中输入的文件

下面我们看一个简短的实例，来了解如何处理文件中的中文内容。

代码 8-10　ch08/chinese_2.pl

```
1 #!/usr/local/bin/perl
2
3 use strict;
4 use warnings;
5
6 use utf8;
7
8 open my $fhi, '<:encoding(gbk)', $ARGV[0] or die "$!";
9 open my $fho, '>:encoding(utf8)', $ARGV[1] or die "$!";
10 while ( <$fhi> ) {
11   if ( / 文件 / ) {
12     print "match\n";
13   }
14   else {
15     print "not match\n";
16   }
17   print $fho $_;
18 }
19 close $fho or die "$!";
20 close $fhi or die "$!";
21
22 exit 0;
```

运行程序：

```
./chinese_2.pl file_from_Windows10.txt file_in_Linux.txt
```

该程序会输出：

```
match
```

并生成了一个输出文件 file_in_Linux.txt，其内容与输入文件 file_from_Windows10.txt
一样。

第 6 行，我们使用了 use utf8，它允许程序文件中出现 utf8 字符，比如出现在第
11 行的"文件"。

第 8 行，我们在 open 函数的第 2 个参数内增加了 :encding(gbk)，即表示后续的
文件是 gbk 字符集的文件。类似地，第 9 行，我们希望输出文件的字符集是 utf8。

只有依照文件的字符集正确地解读文件的内容，后续的操作才会成功。比如第
11 行就会匹配成功，并在最后输出 match。

在 Linux 操作系统上，utf8 是比较通用的字符集，所以我们把输出文件的字符
集选为 utf8。这样我们可以使用编辑器（比如 vi）打开这个输出文件，看到正确的
内容：

```
这是在 Windows 中输入的文件
```

8.4　递归

自己调用自己的子例程就构成了递归子例程。通常的递归子例程如下所示：

```
sub recursion {
  if ( some_condition ) {
    recursion();
  }
  else {
    other task;
  }
}
```

它常用来处理文件系统（包含各级目录和文件），因为文件系统有自相似性，与递归子例程的结构相似。

下面我们先看一个简单的实例，它获取目录下的所有文件，并按照文件的大小排序进行输出。

代码 8-11　ch08/recursion.pl

```perl
 1 #!/usr/local/bin/perl
 2
 3 use strict;
 4 use warnings;
 5
 6 my (%size_of_file,);
 7 for (@ARGV) {
 8   get_file_size( \%size_of_file, $_ );
 9 }
10
11 for my $f ( sort {
12                   $size_of_file{$b} <=> $size_of_file{$a}
13               } keys %size_of_file
14         ) {
15   print $size_of_file{$f}, "\t", $f, "\n";
16 }
17
18 exit 0;
19
20 sub get_file_size {
21   my ( $h, $fd ) = @_;
22
23   my (@files);
24   if ( -d $fd ) {
25     opendir my $dir, $fd or die "$!";
26     @files = map  { "$fd/$_" }
27             grep { $_ ne '.' and $_ ne '..' } readdir $dir;
28     closedir $dir or die "$!";
29     for (@files) {
30       get_file_size( $h, $_ );
31     }
32   }
33   elsif ( -f $fd ) {
34     $h->{$fd} = -s $fd;
35   }
36 }
```

第 7～9 行，把命令行参数依次传递给子例程，还传递了一个散列的引用，用于获取文件的大小。

第 11～16 行，根据散列的值（即文件大小）排序，输出文件大小和文件名。

第 20～36 行，是我们的递归子例程。第 1 个参数 $h 是散列的引用，第 2 个参数 $fd 是传递进来的文件名或目录名。这两个变量 $h 和 $fd，以及该子例程中定义的其他变量，都是子例程运行时的局部变量，每次该子例程被调用时，都会有崭新的独立的一整套变量，所以它们之间不冲突。

第 26～27 行，获取目录下的所有文件，包括子目录，但是不包括 '.' 和 '..'。

第 29～31 行，依次递归调用子例程，把新获取的所有文件和子目录都交由它处理。

第 33～35 行，如果子例程的第 2 个参数是文件，那么我们把它的大小存入散列中。

你可试着运行，看看输出，记得将一个或多个目录或者文件作为命令行参数。

8.5　监控长时间运行的任务

在 IC 设计实践中，我们有时会遇到长时间运行的 EDA 任务，比如仿真或者物理验证等。假如周五下班前开始运行，整个周末它是否正常运行，是否遇到错误已经退出了，是否由于其他原因运行得很慢等，我们都不清楚。如果服务器能外发一个邮件到我们的手机上，并报告状态，我们既可以减轻心里的焦虑，也可以根据实际情况做调整，而不用在家一直远程盯着这个任务。

确定一个任务是否正常运行，既可以通过检查进程的状态，也可以通过检查其输出是否在增加来判断。前者的准确性不是特别高，我们采用后者——检查它的输出。如果只检查某个时间点的状态，这个单一值不足以判断 EDA 程序是否正常。我们需要间隔一段时间检查一次，然后比较前后两者的异同，才容易判断 EDA 程序是否还在努力地运行，是否多输出了一些文件，或者增大了某些文件的大小。

如果我们采用 crond 或者 at 来指定我们的 Perl 程序运行的时间，那么 Perl 程序可以每次只检查当前时刻的文件大小，然后与 Perl 程序前一次的输出（存放在某个输出文件中）进行比对。如果基于某些原因，我们没有权限或者懒得设置了，我们也可以让 Perl 程序一直运行，只是间隔一段时间才工作，间隔的时间都睡觉（sleep）。下面我们就采用这种偷懒的方式，在固定时间检查目录状态的变化，然后发出邮件报告状态。监控中有 2 个假设需要了解：

第 1 个假设，这个待监控的 EDA 程序的输出，仅存在于指定的目录及其各个子目录（深度不限）。所以我们的 Perl 程序可以简化为监控某些目录的所有文件。

第 2 个假设，我们能自己发出邮件。通常这个假设并不成立，因为 IC 设计公司的服务器通常是不能外发邮件的，以免敏感数据泄露。这个时候，我们可以征得公司同意，再请 IT/CAD 协助，帮忙运行这个 Perl 程序，或者协助转发邮件。本节实例中，为了简便起见，只实现自主发邮件的功能。你可根据实际情况，做出调整。

然后，我们开始设计 Perl 程序的参数和功能。

第 1 个参数是：

`-dir dir_1 dir_2 ⋯`

这是需要监控的目录，为了照顾到不同的情况，我们允许监控多个目录。

第 2 个参数是：

`-to email_address_1 ⋯`

它表示给哪些接收者发出邮件，如果某个小组的人都对这个结果（状态变化）感兴趣，那么可以发送给多人。

之后指定检查的频次，我们先实现最简单的指定，只指定依次检查的间隔时间，比如每过 60 分钟检查一次：

```
-step 60
```

我们还要考虑 EDA 程序是否结束。我们可以通过检查进程和 EDA 的 log 文件来确认它是否结束，以及 log 里的最后几行表示什么。为了简便起见，本实例只检查 log 文件，不再检查进程。所以，我们需要在命令行指定 EDA 程序的 log 文件：

```
-eda_log eda_log_file
```

另外有一个参数，它可以是本 Perl 程序的 log，以记录自身长时间运行的状态，利于后续 debug。

```
-log log_file
```

虽然我们每次监控得到的文件大小的数据不是必须存入文件，但是为了便于我们后续检查状态，我们选择把每次监控得到的文件大小等数据，存放到固定文件名的文件中，比如 <log_file>.001.<date>。

好了，基于以上假设和选择，我们可以先编写出这样的程序主体。

代码 8-12   ch08/monitor.pl（未完）

```perl
1 #!/usr/local/bin/perl
2
3 use warnings;
4 use strict;
5
6 use lib "../perl_module";
7 use My_perl_module_v4 ;
8
9 my $readme = "
10 #############################
11 #
12 # Usage: $0 option
13 #
14 # Function: Check file size under directory
15 #
16 # Option:
17 #
18 #    -dirs    directory*  : Directory to check
19 #
20 #    -to      email*      : Email list to send
21 #
```

```
22 #    -step    num       : Step minutes
23 #
24 #    -eda_log file      : Log file of EDA tool
25 #
26 #    -log     file      : Log file for this script
27 #
28 ###############################
29 ";
30
31 if ( @ARGV < 2 ) {
32   print $readme ;
33   exit 1;
34 }
35
36 my ( %eda_check );
37 define_arg( \%{ $eda_check{'def'} } );
38 Handle_argv( \@ARGV, \%{ $eda_check{'def'} }, \%{ $eda_check{'arg'} } );
39
40 init_log( $eda_check{'arg'}{'-log'} );
41 check_and_compare( \%eda_check );
42
43 exit 0;
```

我们继续使用之前制作的模块 My_perl_module_v4，除了使用 $readme 之外，我们仍然只使用一个散列 %eda_check 来存储所有相关的内容。

第 37 行中，所调用的子例程如代码 8-13 所示。

代码 8-13　ch08/monitor.pl（未完）

```
46 sub define_arg {
47   my ($h) = @_;
48   %$h = (
49     '-dirs' => {
50       'perl_type' => 'array',
51       'data_type' => 'inputdir',
52     },
53     '-to' => {
54       'perl_type' => 'array',
55     },
56     '-step' => {
57       'perl_type' => 'scalar',
58       'data_type' => 'num',
59     },
60     '-eda_log' => {
61       'perl_type' => 'scalar',
```

```
62        'data_type' => 'inputfile',
63      },
64      '-log' => {
65        'perl_type' => 'scalar',
66      },
67    );
68 } # define_arg
```

根据之前设计的参数，我们定义了这些参数的特性。

第 38 行，是调用模块所提供的子例程，来检查我们的参数是否正确。

第 40 行，我们在开始时就把一些相关的内容输入到 log 文件中，这个子例程如代码 8-14 所示。

代码 8-14   ch08/monitor.pl（未完）

```
70 sub init_log {
71    my ($f) = @_;
72
73    my $cmd_arg = $0 . " " . join " ", @ARGV;
74    my $cur_date   = `date`;
75    chomp $cur_date;
76    open my $fh, '>', $f or die "$!";
77    print $fh
78 "############
79 # Command: $cmd_arg
80 # User    : $ENV{'USER'}
81 # date    : $cur_date
82 ############\n";
83    close $fh or die "$!";
84
85 } # init_log
```

我们只输出一个头部说明，诸如运行的命令，用户和时间等。

下一个子例程（第 41 行的 check_and_compare）中包含程序的主要部分，其中调用了多个子例程。

代码 8-15   ch08/monitor.pl（未完）

```
87 sub check_and_compare {
```

```
88    my ($h) = @_;
89
90    my $harg = $h->{'arg'};
91    my $sleep_seconds = 60 * $harg->{'-step'};
92    my $n = 0;
93    my (%present_status, %previous_status, $present_file, $previous_file);
94    my (@result_lines, $file_to_send, $email_status );
95    while (1) {
96      ++$n;
97      get_present( \%present_status, \@{ $harg->{'-dirs'} } );
98      $present_file = $harg->{'-log'} . "." . $n;
99      write_status( $present_file, \%present_status );
100     if ( $n == 1 ) {
101       sleep( $sleep_seconds );
102       next;
103     }
104     $previous_file = $harg->{'-log'} . "." . ($n-1);
105     get_previous( $previous_file, \%previous_status );
106     compare_between(\@result_lines,\%previous_status,\%present_status );
107
108     $file_to_send = $present_file . ".send" ;
109     write_to_send( $file_to_send, \@result_lines );
110     append_send( $file_to_send, $harg->{'-eda_log'} );
111     $email_status = send_email( $harg->{'-to'}, $file_to_send );
112     append_log( $harg->{'-log'}, $n, $file_to_send, $email_status );
113     if_exit( $harg );
114     sleep( $sleep_seconds );
115   } # while
116
117   return 0;
118 } # check_and_compare
```

第 95 ～ 115 行，是一个 while 循环，而且它的条件是 1，即永远为真。循环体内依次完成以下任务：

1）get_present() 获取当前的状态，即目录所有文件的大小。

2）write_status() 把当前状态写入文件中，以备下次循环读取使用。

3）if ($n == 1) 表示，如果这是第一次循环，那么没有先前的数据进行比较，所以休息一会后就跳到下一次循环。

4）get_previous() 从上一次循环的输出文件中，读取目录和文件的状态。

5）compare_between() 比较两次的状态，把结果存入数组 @result_lines 中。

6）write_to_send() 把数组 @result_lines 写入待发送的文件中。

7）append_send() 检查 -eda_log 文件，看看是否需要将 -eda_log 文件添加到待发送的文件中。

8）send_email() 发送邮件，并返回一个状态。

9）append_log() 把发送的状态和发送的文件的信息，都追加到 -log 文件中。

10）if_exit() 检查 -eda_log 文件，判断 EDA 程序是否已经正常结束了。

11）sleep() 表示，如果程序还未结束，则休息一会，准备下一次循环。

接下来，我们看看被调用的子例程。

代码 8-16　ch08/monitor.pl（未完）

```
120 sub get_present {
121   my ($h, $af) = @_;
122   %$h = ();
123   for my $d ( @$af ) {
124     get_file_size( $h, $d );
125   }
126   return 0;
127 } # get_present
```

子例程 get_present() 首先清空散列（这很重要），因为我们需要多次循环，如果不清空散列，则会遗存上一次循环时所获取的内容。然后对所有的 -dirs 参数，调用 get_file_size()。后者是我们在 8.4 节中实现的子例程。

子例程 write_status() 把之前获取的散列写入文件中。

代码 8-17　ch08/monitor.pl（未完）

```
129 sub write_status {
130   my ($f, $h) = @_;
131
132   open my $fhout, '>', $f or die "$!";
133   for my $k ( keys %$h ) {
134     print $fhout $h->{$k}, " ", $k, "\n";
135   }
136   close $fhout or die "$!";
137
138   return 0;
139 } # write_status
```

子例程 get_previous() 从上次循环写入的文件中，再读取文件的大小进入散列。同样的原因，这个散列也要先清空。根据 write_status 子例程所写，文件大小在第一列，文件名在第二列。

代码 8-18 ch08/monitor.pl（未完）

```
141 sub get_previous {
142   my ($f, $h) = @_;
143
144   %$h = ();
145   open my $fhin, '<', $f or die "$!";
146   while (<$fhin>) {
147     if ( /^(\S+) (.+)$/ ) {
148       $h->{ $2 } = $1 ;
149     }
150   }
151   close $fhin or die "$!";
152
153   return 0;
154 } # get_previous
```

子例程 compare_between() 比较此前获得的两个散列，并把结果存入数组中。

代码 8-19 ch08/monitor.pl（未完）

```
156 sub compare_between {
157   my ($af, $hold, $hnew) = @_;
158
159   @$af = ();
160   my ($line, );
161   for my $knew ( keys %$hnew ) {
162     if ( exists $hold->{$knew} ) {
163       if ( $hnew->{$knew} > $hold->{$knew} ) {
164         $line =  "Extend: (" . ( $hnew->{$knew} - $hold->{$knew} )
165                   . " Byte) " . $knew;
166         push @$af, $line;
167       }
168     }
169     else {
170       push @$af, "Add: $knew";
171     }
172   }
173   return 0;
174 } # compare_between
```

子例程 write_to_send() 把比较的结果数组存入待发送的文件中。

代码 8-20　ch08/monitor.pl（未完）

```
175 sub write_to_send {
176   my ($f, $af) = @_;
177
178   open my $fhout, '>', $f or die "$!";
179   print $fhout `date` ;
180   for (@$af) {
181     print $fhout $_, "\n";
182   }
183   close $fhout or die "$!";
184
185   return 0;
186 } # write_to_send
```

子例程 append_send() 根据 -eda_log 文件的情况，追加一些内容到待发送的文件中。我们简单地抓取 -eda_log 中含有 Error 关键字的行。

代码 8-21　ch08/monitor.pl（未完）

```
188 sub append_send {
189   my ($f, $edalog) = @_;
190
191   my @lines = grep /Error/, `cat $edalog`;
192
193   return unless @lines;
194
195   open my $fhapp, '>>', $f or die "$!";
196   for (@lines) {
197     print $fhapp $_;
198   }
199   close $fhapp or die "$!";
200
201   return 0;
202 } # append_send
```

子例程 send_email() 组合生成 mail 指令。为了测试方便，我们先注释系统调用语句 system()，取而代之的是使用两行 print 来辅助我们提前验证这个程序。如果验证没有问题，则再去掉注释符号。

代码 8-22　ch08/monitor.pl（未完）

```
204 sub send_email {
205   my ($ef, $f) = @_;
206
207   my $re = 0;
208   my $email_cmd = q{mail -s "perl monitor" -c};
209   for (@$ef) {
210     $email_cmd .= " $_";
211   }
212   $email_cmd .= " < $f";
213
214   #$re = system( $email_cmd );
215   print "email cmd: $email_cmd\n";
216   print `cat $f`;
217
218   return $re;
219 } # append_to_log
```

子例程 append_log 追加内容至 -log 文件中。

代码 8-23　ch08/monitor.pl（未完）

```
221 sub append_log {
222   my ($f, $n, $file, $e) = @_;
223
224   open my $fhapp, '>>', $f or die "$!";
225   print $fhapp "n= $n:", "\n",
226                "  mail status: $e", "\n",
227                "  file :", -s $file, " ", $file, "\n";
228   close $fhapp or die "$!";
229
230   return 0;
231 } # append_log
```

子例程 if_exit() 负责从 -eda_log 的倒数几行来判断这个 EDA 程序是否正常结束。代码 8-24 的第 239 行 DONE 是我们假设的 EDA 程序结束时会出现的关键字，请读者根据实际情况调整。该子例程生成一个专门的 .end 文件，作为最后一次发送邮件的附带文件。这个附带文件的内容就是 -eda_log 文件的最后 10 行。邮件发送完成后，最后完成 -log 文件的收尾，然后退出整个 Perl 程序。如果没有达成退出条件，则在第 245 行只退出该子例程，继续回到代码 8-15 的第 95 行的 while 循环中。

代码 8-24   ch08/monitor.pl（完结）

```
233 sub if_exit {
234   my ($harg) = @_;
235
236   my @lines = `tail $harg->{'-eda_log'}`;
237   my $done = 0;
238   for (@lines) {
239     if ( /DONE/ ) {
240       $done = 1;
241       last;
242     }
243   }
244
245   return 0 unless $done;
246   my $fend = $harg->{'-log'} . ".end";
247   write_array_to_file( $fend, \@lines );
248   send_email( $harg->{'-to'}, $fend );
249
250   my $cur_date = `date`;
251   open my $fhapp, '>>', $harg->{'-log'} or die "$!";
252   print $fhapp "Last file sent: $fend\n",
253                "finish at: ", $cur_date;
254   close $fhapp or die "$!";
255
256   exit 0;
257 } # if_exit
```

最后一个子例程 get_file_size() 与 8.4 节的代码 8-11 中的 get_file_size() 完全一样，此处不再赘述。

出于简化代码的目的，我们尽可能简化了许多情况。实际上，还有不少改进的可能。

1）检查目录状况和发送邮件的时间可以更加人性化，比如指定时间和间隔，可以在半夜检查，但是不发送邮件。等第二天早上再发送邮件报告。还有就是，目前的程序只能做到从当前时间开始的固定时间运行检查。这不利于邮件接收者在某个预期的时间检查邮件。如果能固定在整点 10 分或者整点 X 分这样的时间，那么接收者可以在预期的时间检查自己的邮箱。

2）虽然大部分时间都在休息，但这个 Perl 程序通常会运行很长时间。中间有许多读写文件的操作，这些都有可能由于意外而失败。我们的 Perl 程序完全可以做到略过一次检查，但是程序继续运行，而不是像通常的程序那样 die()。

3）邮件发送的内容有很多，包含本程序列出的所有的新生成的文件和文件大小增大的文件。这可能有许多，成百上千条，接收邮件的速度可能会受到影响。如果邮件系统不是特别空闲，我们也可以适当改进邮件传输的内容，比如只报告总体的文件增加量。另外，从 -eda_log 中抓取的关键信息（Error）也可以适当裁剪，比如只取 5 条。这样，邮件需要发送的内容就可以减少很多。

8.6 杂项

8.6.1 << 操作符

我们之前已经遇到了使用 print 输出一大段文字的情况。Perl 为这类需求，专门提供了 << 操作符。

代码 8-25　ch08/print_1.pl

```
 1 #!/usr/local/bin/perl
 2
 3 use strict;
 4 use warnings;
 5
 6 print << 'END1';
 7 any character here
 8 $abc
 9 @arr
10 单引号双引号: " ' " ' " '
11 END1
12
13 exit 0;
```

运行代码 8-25 后会输出：

```
any character here
$abc
@arr
单引号双引号: " ' " ' " '
```

print 后面紧跟了 << 符号，后面是一个字符串结束标记（如 ENDI），然后该行以分号结束。那么 print 将输出下一行直到行首出现字符串结束标记为止的字符串。如果字符串结束标记以单引号引用，那么，这一大段文字里的内容，都不会进行内插，即类似变量的字符（如 $abc）仍然维持原样。如果字符串结束标记是由双引号包围的，那么，这一大段文字内的变量会被它的值所替代（见代码 8-26）。

代码 8-26   ch08/print_2.pl

```
 1 #!/usr/local/bin/perl
 2
 3 use strict;
 4 use warnings;
 5
 6 my $abc = 123;
 7 my @arr = qw/a b c/;
 8 print << "END1";
 9 any character here
10 $abc
11 @arr
12 单引号双引号: " ' " ' " '
13 END1
14
15 exit 0;
```

运行代码 8-26 后会输出:

```
any character here
123
a b c
单引号双引号: " ' " ' " '
```

如果需要为某个变量赋值，还可以使用以下方式:

```
$str = << "END";
...
...
END
```

单引号和双引号的区别可见上述例子。

8.6.2　Schwartz 变换

Schwartz 变换是以其发明者 Randal L. Schwartz 的姓氏命名的。他是著名的小骆驼书（*Learning Perl: Making Easy Things Easy and Hard Things Possible*）的作者。我们先看看这个变换长什么样子：

```
@sorted = map { $_->[0] }
          sort { $a->[1] <=> $b->[1] }
          map { [$_, length($_)] } @originals ;
```

它主要用来给数组排序，通常情况下，其排序速度比下面的代码更快：

```
@sorted = sort { length($a) <=> length($b) } @originals ;
```

速度更快的原因是，前者对数组中的各个元素只运行一次 length 函数，然后把其结果和对应的元素存到一个匿名的数组 [$_, length($_)] 中。整个原始的数组被映射成一个匿名的二维数组，然后 sort 函数获取这个二维数组的元素（一个匿名的一维数组），并取出它的第二个元素（即下标 [1]），进行大小排序，排序后的返回值仍然是一个二维数组。此二维数组再经过 map { $_->[0] } 函数，将匿名的二维数组映射为此二维数组元素（匿名的一维数组）的第一个元素，而这正好是原始数组的元素。可以预见，如果 @originals 所含元素越多，那么 Schwartz 变换带来的速度提升越明显。当然了，如果是极端情况，原始的数组所含的元素极少，比如两个，那么使用单一的 sort 函数可能更快，因为 Schwartz 变换增加了一些额外的变换操作。

补充说明一下，如上所示连续调用函数时，Perl 依照从右向左的次序执行。

函数 length 可以替换成其他函数或自制的子例程。

8.6.3　其他运算符

❑ 三目运算符：(condition)?(v1):(v2)

该运算符相当于一个 if/else 的简写形式：

```
if (condition) {
```

```
      $str = $v1;
   }
   else {
      $str = $v2;
   }
```

它等价于：

```
$str = (condition) ? $v1 : $v2 ;
```

❑ 自增自减运算符

```
$n++
++$n
$n--
--$n
```

所有整数（变量）都可以进行自增或自减 1 的运算。

❑ 字符串连接和复制运算符

句点（.）是字符串连接运算符，x（小写字母）是字符串复制运算符。

```
$str = "a" . "b"; ## Now $str is:ab
$str = "a" x 5 ; ## Now $str is: aaaaa
```

❑ 复合赋值运算符

除了简单的常见的等号 = 赋值，还可以选用一种复合型的赋值运算符，使代码更简洁。

数学类型的复合赋值运算符如表 8-1 所示。

表 8-1　复合赋值运算符 1

复合赋值运算符	实例	等价于	复合赋值运算符	实例	等价于
+=	$n += 2	$n = $n + 2	/=	$n /= 2	$n = $n / 2
-=	$n -= 2	$n = $n - 2	%=	$n %= 2	$n = $n % 2
*=	$n *= 2	$n = $n * 2	**=	$n **= 2	$n = $n ** 2

字符串类型的复合赋值运算符如表 8-2 所示。

表 8-2　复合赋值运算符 2

复合赋值运算符	实例	等价于
.=	$str .= "end"	$str = $str . "end"
x=	$str x= 5	$str = $str x 5

还有一个运算符 ||=：

```
$var2 ||= $var3;
```

它等价于：

```
$var2 = $var2 || $var3;
```

逻辑操作符有"短路"的特性，即一旦真假值确定以后，右侧剩余的表达式就不再计算。所以上面的赋值语句，又等价于：

```
if ( $var2 ) {
  $var2 = $var2;
else {
  $var2 = $var3;
}
```

或：

```
if ( ! $var2 ) {
  $var2 = $var3;
}
```

这个操作符，通常用来给未赋值的变量进行赋值，其本意是：

```
if ( ! defined $var2 ) {
  $var2 = $var3;
}
```

我们可以看到，这里有一个细小的差别：如果 $var2 等于 0，那么 ||= 这样的赋值会覆盖 $var2 原本的 0。一般情况下，不建议使用 ||=，使用 if defined 会使代码的意图更加明确。

❏ 字符串比较运算符

两个字符串按照从左到右的次序比较字符串的 ASCII 码（见表 8-3）。

表 8-3　字符串比较运算符

字符串比较运算符	实例	说　明
lt	$strA lt $strB	$strA 小于 $strB 时，返回 1（真）；否则返回空（假）
le	$strA le $strB	$strA 小于等于 $strB 时，返回 1（真）；否则返回空（假）
gt	$strA gt $strB	$strA 大于 $strB 时，返回 1（真）；否则返回空（假）
ge	$strA ge $strB	$strA 大于等于 $strB 时，返回 1（真）；否则返回空（假）
eq	$strA eq $strB	$strA 等于 $strB 时，返回 1（真）；否则返回空（假）
ne	$strA ne $strB	$strA 不等于 $strB 时，返回 1（真）；否则返回空（假）
cmp	$strA cmp $strB	$strA 大于 $strB 时，返回 1；$strA 等于 $strB 时，返回 0；$strA 小于 $strB 时，返回 −1

8.6.4　非十进制数处理

Perl 支持数字的二进制、八进制和十六进制表示。

二进制的数以 0b 开头，八进制的数以 0 开头，十六进制的数以 0x 开头。

```
my $num_b = 0b101 ;
my $num_o = 0170  ;
my $num_h = 0xf0  ;
print "$num_b $num_o $num_h\n";
```

输出：

```
5 120 240
```

可以看到，其实在 Perl 的内部，它们都是被当作十进制数来对待的。它们可以和十进制数一样进行各类数学运算。

除了十进制数进行的各类运算以外，我们通常还会对这类非十进制的数进行按位操作，Perl 也提供了以下按位操作符。

表 8-4 的第 3 列来自：

```
printf( "%04b", 第 2 列的内容 );
```

表 8-4　按位操作符

按位操作符	$num_b = 0b0011 时的实例	按位操作后的结果，输出为二进制字符串
|（或）	$num_b | 0b0101	0111
&（与）	$num_b & 0b0101	0001
^（异或）	$num_b ^ 0b0101	0110
~（非）	~ $num_b	11…1100（一共 64 位，前 62 位都是 1）

由于数字在 Perl 内部是由 64 位 bit 表示的，因此表 8-4 的最后一行取非以后，再以二进制呈现出来也是 64 位数字。

这些按位操作的对象，既可以是非十进制的，也可以是十进制数的。

125 ｜ 0b0011

前缀表示法（0b、0、0x）仅限于在数字常量中使用。如果我们遇到字符串，想识别为相应的进制的数，则不能依赖于 Perl 的自动转换。

```
my $str = "0b0011";
my $num_b = $str + 0;
# now $num_b = 0
```

Perl 并不将 $str 的内容 0b0011 识别为一个二进制字符串，只是简单地看到其开头是 0，就转成 0。

对于我们从输入文件、命令行参数或其他方式得到的非十进制的字符串，我们可以通过 oct() 函数，将其转换成对应的十进制数字，后续的运算（包括按位操作）都可以直接使用这个十进制数字。如果需要再次输出成非十进制，我们可以使用 sprintf/printf 函数。

下面我们看一个实例，从命令行读取非十进制字符串，然后输出一些我们需要的转换。为了简化程序，我们约定了命令行参数是 4 位（不含前缀）非十进制数字。

代码 8-27   ch08/bin.pl

```perl
1 #!/usr/local/bin/perl
2
3 use strict;
4 use warnings;
5
6 my ($num, $pre, $pc);
7
8 my %cof = ( '0b' => 'b', '0' => 'o', '0x' => 'x' );
9 my $bitn = 0b0101 ;
10
11 printf "\$bitn = %s%04b\n", "0b", $bitn ;
12
13 for ( @ARGV ) {
14   if ( /^(0b)[01]{4}$/ || /^(0x)[\da-f]{4}$/i || /^(0)[0-7]{4}$/ ) {
15     $pre = $1 ;
16     $pc  = $cof{$pre};
17     $num = oct();
18     print $_, "\n";
19     print  q{ }x4, "decimal: ", $num, "\n";
20     printf "    $_ | \$bitn : %s%04$pc\n", $pre, ($num | $bitn);
21     printf "    $_ & \$bitn : %s%04$pc\n", $pre, ($num & $bitn);
22     printf "    $_ ^ \$bitn : %s%04$pc\n", $pre, ($num ^ $bitn);
23   }
24   else {
25     print "unknown input: $_\n";
26     next;
27   }
28 }
29
30 exit 0;
```

我们运行:

```
./bin.pl 0b0110 00017 0x000f
```

可看到输出:

```
$bitn = 0b0101
0b0110
    decimal: 6
    0b0110 | $bitn : 0b0111
    0b0110 & $bitn : 0b0100
    0b0110 ^ $bitn : 0b0011
00017
```

```
    decimal: 15
    00017 | $bitn : 00017
    00017 & $bitn : 00005
    00017 ^ $bitn : 00012
0x000f
    decimal: 15
    0x000f | $bitn : 0x000f
    0x000f & $bitn : 0x0005
    0x000f ^ $bitn : 0x000a
```

第 15 行，取得字符串的前缀 $pre，然后第 16 行取得对应的 printf 函数的格式符号 $pc。

第 17 行，我们得到了十进制数值。

第 20 行，我们使用 printf 格式化输出。%s 对应第一个参数 $pre，%04$pc 对应第二个参数 ($num | $bitn)。第 21 行和第 22 行与其类似。

Perl 还提供了移位操作符 << 和 >>，其左右两侧都要求是整数。

```
1 << 4; # 16
16 >> 4; # 1
```

如果工作中需要这类转换，你可以自行制作一些子例程，加入先前制作的模块中，便于以后调用。

8.7 更多阅读推荐

有很多关于 Perl 的优秀书籍。下面介绍几本：

❑《Perl 语言入门（第 7 版）》（*Learning Perl: Making Easy Things Easy and Hard Things Possible, 7th Edition*，Randal L. Schwartz，brian d foy，Tom Phoenix）

这是一本优秀的 Perl 入门书，读起来很轻松。即便你已经完成了入门，也值得读一读。

❑《Perl 语 言 编 程（第 4 版）》（*Programming Perl: Unmatched Power for Text*

Processing and Scripting, Fourth Edition，Tom Christiansen，brian d foy，Larry Wall，Jon Orwant）

这是一本包罗万象的书。Larry Wall 是 Perl 语言的发明者，这保证了此书的权威地位。

❑《精通 Perl》（*Mastering Perl: Creating Professional Programs with Perl*，brian d foy）

这本书讲解了许多中阶的技巧与细节，值得一读。

❑《Perl 高效编程（第 2 版）》（*Effictive Perl Programming: Ways to Write Better, More Idiomatic Perl, Second Edition*，Joseph N. Hall, Joshua A. McAdams, brian d foy）

这本书也是一本很好的书，值得一读。

❑《Perl 最佳实践》（*Perl Best Practices: Standards and Styles for Developing Maintainable Code*，Damian Conway）

本书介绍了许多代码规范和技巧，值得放在案头，随时翻一翻，提升自己的代码质量。

❑《高阶 Perl》（*High Order Perl: Transforming Programs with Programs*，Mark Jason Dominus）

本书介绍了许多高阶技巧与实践，看完它以后，相信你会对 Perl 的能力范围和优雅程度有新的认识。

下面这本书暂时没有中译本：

❑ *Intermediate Perl: Beyond The Basics of Learning Perl, Second Edition*（Randal L. Schwartz，brian d foy，Tom Phoenix）

这本书也是很好的书，值得一读。

下面这本书介绍了正则表达式，它几乎是最全面的介绍正则表达式的书，有助于深刻理解正则表达式的原理，写出高效的正则表达式，避免正则表达式陷阱。

❑《精通正则表达式（第 3 版）》（*Mastering Regular Expressions, Third Edition*，Jeffrey E. F. Friedl）

最后一本书不是有关 Perl 方面的著作，但是对于深入理解计算机系统非常有帮助。

❑《深入理解计算机系统（第 3 版）》$^{\ominus}$（*Computer Systems: A Programmer's Perspective, Third Edition*，Randal E. Bryant，David O'Hallaron）

⊖ 本书中文版由机械工业出版社出版，ISBN 为 978-7-111-54493-7。——编辑注

第 **9** 章

特殊名称、常用函数与模块

本章介绍 Perl 内建的特殊名称、常用函数和常用模块。熟练掌握这些知识可以更大程度地发挥 Perl 的特性，也可以避免浪费时间 "重新发明轮子"。

9.1 特殊名称

第 2 章中我们已经见识了好几个内建的变量，比如 $0、@ARGV、$_、@_ 等。这里我们重新完整地梳理一遍，再补充几个可能常用的特殊名称。

9.1.1 $0

标量 $0（数字零）存储 Perl 程序本身的完整名称。

$0 意义相同的写法为 $PROGRAMNAME。

根据不同的运行方式，$0 存储的名称如下所示：

❑ ./perl_script.pl -help

  $0 等于 ./perl_script.pl。

❑ perl ./perl_scipt.pl -help

  $0 等于 ./perl_script.pl。

❑ perl_script.pl -help

$0 等于 perl_script.pl。

❑ /full/path/perl_script.pl -help

$0 等于 /full/path/perl_script.pl。

9.1.2 @ARGV

数组 @ARGV 存储 Perl 程序的命令行参数。

❑ ./perl_script.pl -help

@ARGV 等于数组 ("-help")。

❑ ./perl_script.pl -a a -b b

@ARGV 等于数组 ("-a" "a" "-b" "b")。

❑ ./perl_script.pl

@ARGV 等于一个空的数组 ()。

9.1.3 $_

与 $_ 意义相同的写法为 $ARG。

不管 $_ 出现或者不出现，它都在那里默默地发挥着重要的作用。

1. $_ 是某些函数的默认参数

$_ 是 print 函数的默认参数。

```
print ; # 等价于 print $_;
```

还有其他一些函数，我们在那个函数的介绍中再进行注明。

2. $_ 在正则表达式中的作用

$_ 是正则表达式匹配（包括替换）操作的默认操作对象，即正则表达式的左侧没有操作对象时，$_ 为其操作对象。

```
/a/     ; # 等价于 $_ =~ /a/;
s/a/A/ ; # 等价于 $_ =~ s/a/A/ ;
```

3. $_ 在 for 循环中的作用

在 for 循环中，我们经常会定义一个局部变量，如下所示：

```
for my $element ( @one_array ) {  }
```

如果没有定义局部变量，那么 Perl 会提供 $_ 作为这个临时变量，它仅在这个循环体内有效。

```
for ( @one_array ) {
   ### $_ 在该花括号内都有效，遍历的某个数组元素为 $_
}
```

这样有两个用处，第一，后续对此变量的某些操作可以省略输入 $_ 本身，比如：

```
for ( @one_array ) {
  if ( /some_regular_expression/ ) {
      s/a/X/ ;        ## search and replace on $_
      print ;         ## print $_
      print "\n";
  }
}
```

第二个用处是，原地改变被循环的数组的元素。

```
@one_array = ("a","b","c");
for (@one_array) {
  s/a/A/;
}
# 现在 @one_array 等于 ("A", "b", "c")。
```

请注意，如果我们定义了临时变量，即 for my $t (@one_array)，则每次遍历的元素会被复制成 $t，无论对 $t 做何修改更新，都不会影响 @one_array 本身的内容，而且 $_ 也是未定义的，诸如 /a/ 或者 print; 这类简写是错误的。

如果出现嵌套的 for 循环，如：

```
for (@a1) {
  for (@a2) {
    print; ## print the element in @a2
  }
  print; ## print the element in @a1
}
```

那么最内层的，也就是最近的 $_ 优先级最高。

4. $_ 在读取文件时的作用

当我们读取文件句柄时，我们有时会定义一个变量去存储每次读取到的内容。如：

```
while ( my $line = <file_handle> ) { … }
```

这样，$_ 不会起作用，因为它是未定义的。

如果我们不定义临时变量 $line，如：

```
while (<file_handle>) { … }
```

那么，$_ 就存储每次读取文件句柄的内容（和 $line 一样）。后续如果要进行模式匹配等操作，$_ 也可以减少代码输入，如：

```
while (<file_handle> ) {
  if ( /some_regular_expression/ ) {
    s/a/X/ ;        ## search and replace on $_
    print ;         ## print $_
    print "\n";
  }
}
```

5. $_ 在文件测试中的作用

所有的文件测试符，除了 -t，其他的诸如 -s、-f、-d 等，它们的默认的操作对象都是 $_。

我们有时在文件句柄或者循环时使用 $_：

```
for (@one_array) {
  if ( -d ) {  ### if $_ is directory
    print ;
  }
}
```

9.1.4   @_

与 @_ 意义相同的写法为 @ARG。

@_ 表示子例程被调用时获取到的所有参数组成的数组。

```
sub sub_1 {
  for (@_) {
    print ;
    print "\n";
  }
}

sub_1( 1, 2, 3 );
```

运行上述代码会输出：

```
1
2
3
```

一般我们会避免在子例程中始终使用这个名字很奇怪的数组 @_ 或元素 $_[0]（即 @_ 的第一个元素）。通常，我们在子例程的第一行，就把 @_ 复制为该子例程内部的局部变量，以增强代码的可读性。

```
sub sub_2 {
  my ($str, $num, $array_ref, $hash_ref) = @_;
  …
}
```

@_ 是一个局部变量，只在子例程被调用时有效。因此，即便是递归调用的子例程，每次调用时，都会有一个独立的 @_ 来存储其所有的参数值。

9.1.5　$a 和 $b

$a 和 $b 是 sort 函数会使用到的一对全局变量，所以不要在 sort 函数以外定义或使用它们。它们的具体的含义，留待 9.2.3 节中介绍。

9.1.6　$.

与 $. 意义相同的写法为 $INPUT_LINE_NUMBER 或 $NR。

在使用 <intput_file_handle> 读取文件时，$. 记录了当前的行号。

代码 9-1　ch09/sn_nr.pl

```
1 #!/usr/local/bin/perl
2
3 open my $fhi, '<', $0 or die "$!";
4 while (<$fhi>) {
5   print "Line: $. : " , $_ ;
6 }
7 close $fhi or die "$!";
8
9 exit 0;
```

运行 ./sn_nr.pl 后，它的输出是：

```
Line: 1 : #!/usr/local/bin/perl
Line: 2 :
Line: 3 : open my $fhi, '<', $0 or die "$!";
Line: 4 : while (<$fhi>) {
Line: 5 :   print "Line: $. : " , $_ ;
Line: 6 : }
Line: 7 : close $fhi or die "$!";
Line: 8 :
Line: 9 : exit 0;
```

行号从 1 开始。如果读取一个文件结束，关闭文件句柄，然后又打开另一个文件，并使用 <> 读取文件，则 $. 重新从 1 开始计数。

9.1.7　%ENV

%ENV 散列存储当前的环境变量，比如 USER 或者 HOME 之类的，如 $ENV

{'USER'} 或 $ENV{'HOME'}。在程序中可以修改它们的值，这些环境变量的值会影响这个 Perl 程序调用的系统命令，比如 system。但是当 Perl 程序结束时，这些通过 %ENV 更新的环境变量的值，都会恢复原样。

9.1.8 $$

与 $$ 意义相同的写法为 $PROCESS_ID 或 $PID。

是本程序运行时的进程号（PID）。有时，它用来生成临时文件的文件名。

```
$tmpfile = "/tmp/" . $$ ;
```

9.1.9 $!

与 $! 意义相同的写法为 $OS_ERROR 或 $ERRNO。

$! 记录了上一次系统调用的错误信息。常用于字符串环境中，$! 就时系统错误的字符串表示形式。常用于 die 函数的参数，在退出程序之前，输出这个错误信息。

```
open my $fh, '<', $input_file or die "Error infor is: $!";
```

9.1.10 STDERR、STDIN、STDOUT

STDERR、STDIN、STDOUT 这三个名称都是文件句柄，分别对应标准错误，标准输入和标准输出。print 函数的默认句柄是 STDOUT。<> 的默认句柄是 STDIN。

代码 9-2 ch09/sn_std.pl

```
1 #!/usr/local/bin/perl
2
3 print "Please input any thing and return:";
4 my $input = <> ; ## <> is same as <STDIN>;
5 print "your input is $input";
6 print STDOUT "to STDOUT\n";
7 print STDERR "to STDERR\n";
```

```
8
9 exit 0;
```

运行代码 9-2 后，它会输出

```
Please input any thing and return:
```

然后等待你的输入（和回车）。假设我们输入 hello 然后回车。那么程序的输出如下：

```
Please input any thing and return:hello
your input is hello
to STDOUT
to STDERR
```

如果我们使用 shell 的重定向 >，如下运行程序：

```
./sn_std.pl > sn_std.log
```

输出则会少一些：（hello 是用户键盘输入的）

```
hello
to STDERR
```

其余内容都进入了文件 sn_std.log。

STDERR 句柄不受重定向 > 影响。有时我们在输出重要的错误或者警告信息时，使用 print STDERR …尽量使这些信息能被用户看见，即便运行 Perl 程序时采用了 > 这样的运行方式。当然，如果采用了 >&，那么用户什么内容都看不见，错误信息或警告信息等内容都进入重定向的文件中。

9.2 常用函数

我们把 Perl 内建的常用函数分成以下几类：数学计算、标量操作、列表处理、数组处理、散列处理、输入输出、文件（和目录）操作、流程控制、范围、时间处理以及其他。

9.2.1 数学计算

数学计算函数包含 abs、atan2、cos、exp、hex、int、log、oct、rand、sin、sqrt。

abs

```
abs [PAR]
```

本函数返回参数的绝对值，该函数的默认参数是 $_。

atan2

```
atan2 Y, X
```

本函数返回 Y/X 的反正切值，返回值处于 $-\pi \sim \pi$。

cos

```
cos [PAR]
```

本函数返回参数（以弧度表示的角度值）的余弦值，该函数的默认参数是 $_。Perl 并没有提供 acos（反余弦）内建函数，只在模块 Math::Trig 或 POSIX 中提供了 acos 函数。你也可以自行定义一个 acos 函数，如下：

```
sub acos { atan2( sqrt( 1 - $_[0] * $_[0] ), $_[0] ) }
```

exp

```
exp [PAR]
```

本函数返回 e（自然对数的底）的 PAR 次幂，该函数的默认参数是 $_。exp(1) 就是 e。

hex

```
hex [PAR]
```

本函数接收表示十六进制的字符串作为参数，返回相等的十进制数值，该函数

的默认参数是 $_。如果参数以 0x 开头，则 0x 会被忽略。

```
hex("f");    # 15
hex("0xf");  # 15
```

int

```
int [PAR]
```

本函数返回参数的整数部分，向 0 方向截断，该函数的默认参数是 $_。

```
int( 1.9 ) ; # 1
int( -1.9 ); # -1
```

如果需要四舍五入，则可以使用 sprintf("%0.f", $num)。

log

```
log [PAR]
```

本函数返回参数的自然对数（以 e 为底），该函数的默认参数是 $_。如果需要以 10 为底的对数，则可以这样定义一个子例程：

```
sub log10 { log($_[0])/log(10) }
```

oct

```
oct [PAR]
```

本函数接收表示八进制的字符串作为参数，返回相等的十进制数值，该函数的默认参数是 $_。如果参数以 0x 开头，则参数会被看作一个表示十六进制的字符串。如果参数以 0b 开头，则参数会被看作一个表示二进制的字符串。

```
oct( "12" );  # 10
```

rand

```
rand [PAR]
```

本函数接收一个大于 0 的数字作为参数，返回一个大于等于 0 且小于 PAR 的随机实数，该函数的默认参数是 1。

sin

```
sin [PAR]
```

本函数返回参数（以弧度表示的角度值）的正弦值，该函数的默认参数是 $_。Perl 并没有提供 asin（反正弦）内建函数，只在模块 Math::Trig 或 POSIX 中提供了 asin 函数。你也可以自行定义一个 asin 函数，如下：

```
sub asin { atan2( $_[0], sqrt( 1 - $_[0] * $_[0] ) ) }
```

sqrt

```
sqrt [PAR]
```

本函数返回参数的平方根，该函数的默认参数是 $_，PAR 不为负数。如果需要其他根，可以使用 **（两个 *）操作符获取其分数幂。$y= \sqrt[3]{x}$ 可写为 $y = $x**(1/3)。

9.2.2　标量操作

标量操作函数包含 chr、index、lc、lcfirst、length、ord、q[qrwx]//、rindex、substr、uc、ucfirst、split。

chr

```
chr [PAR]
```

本函数返回参数在字符集中代表的字符，该函数的默认参数是 $_。例如 ch(66) 在 ASCII 字符集中是 "B"。

index

```
index STRING, SUB-STRING [, OFFSET]
```

本函数返回 SUB-STRING 第一次出现在 STRING 中的位置，位置是从 0 开始计数的。如果指定了 OFFSET，则表示在 STRING 中先忽略 OFFSET 个字符，再开始搜索。如果 SUB-STRING 没有出现在 STRING 中，本函数返回 −1。

```
index( "abc", "bc" ) ; # 1
```

lc

```
lc [PAR]
```

本函数返回参数的小写形式，该函数的默认参数是 $_。

```
lc( "ABc" ); # abc
```

lcfirst

```
lcfirst [PAR]
```

本函数返回参数的第一个字符的小写形式，该函数的默认参数是 $_。

```
lcfirst( "ABc" ); # aBc
```

length

```
length [PAR]
```

本函数返回参数（标量）的字符长度，该函数的默认参数是 $_。

```
length( "abc" ); # 3
```

如果省略参数的同时进行其他操作，比如大小比较，请记得加上圆括号：

```
if ( length() < 78 ) …
```

ord

```
ord [PAR]
```

本函数返回参数的第一个字符的数字值，通常其参数是单个字符，该函数的默

认参数是 $_。

```
ord("a") ; # 97
```

q[qrwx]//

q*// 相当于一些"语法糖"，等价于我们常用的符号，如表 9-1 所示。

表 9-1   语法糖

语法糖	等价于	含义	内插变量是否展开
q//	'' （两个单引号）	字符串	否
qq//	"" （两个双引号）	字符串	是
qr//	"" （两个双引号）	正则表达式	是
qw//	() （一对圆括号）	单词列表	否
qx//	`` （两个反引号）	执行（操作系统）命令	是

这些斜杠符号 // 可以根据情况替换为四种成对的括号，()、[]、{}、<>。

q// 或 qq// 常用于初始化一个空的标量，这可以使代码更具可读性。

```
my $str = '' ;
```

在代码中两个紧挨着的单引号容易与一个双引号混淆，或者在代码中可能只写了一个双引号（这是一种语法错误）。为了提早规避此类错误，我们也常写成：

```
my $str = q{} ;
```

q// 或 qq// 还可以针对特殊的输入，简化输入：

```
my $str = "\"a\" is not 'A'";
```

它等价于：

```
my $str = q/"a" is not 'A'/;
```

qr// 可以预先定义正则表达式，包括修饰符，并将它们写入标量中：

```
my $re = qr/string/ig ;
```

```
s/$re/update/ ; # same as: s/string/update/ig ;
```

qw// 常用来定义数组：

```
my @paths = ( "/a/b/c", "/b/c/d", "/c/d/e/" );
```

它等价于：

```
my @paths = qw{ /a/b/c /b/c/d /c/d/e/ };
```

qx// 可以用来避免 `` 这类字符，更易于查错。

```
my $command = `ls -al /tmp`;
```

它等价于：

```
my $command = qx{ls -al /tmp};
```

rindex

```
rindex STRING, SUB-STRING [, POSITION]
```

本函数与 index 相似，搜索 SUB-STRING 在 STRING 中的位置，不同的是，rindex 从 STRING 的右侧开始向左侧进行搜索。如果没有找到 SUB-STRING，则返回 −1。POSITION 表示本函数可以返回的最右侧的位置。

substr

```
substr STRING, OFFSET [, LENGTH [, REPLACEMENT]]
```

本函数从 STRING 函数中抽取一个子字符串（sub-STRING），并返回此子字符串。如果指定了 REPLACEMENT 参数，则返回替换后的字符串。

```
my $str = "0123456";
my $s1 = substr( $str, 1 )           ; # $s1 = "123456"
my $s2 = substr( $str, 2, 3 )        ; # $s2 = "234"
my $s3 = substr( $str, 2, 3, "432" ); # $s3 = "234"; $str = "0143256"
```

如果指定了 REPLACEMENT 参数，则 STRING 的内容会改变。

如果没有指定 LENGTH，则从 OFFSET 一直抽取到 STRING 的结尾。OFFSET 可以是负数：

```
$str = "0123456";
my $s4 = substr( $str, -2 );      # $s4 = "56"
my $s5 = substr( $str, -2, 1 ); # $s5 = "5"
```

虽然不常用，但是 LENGTH 可以是负数，这表示去除了 STRING 右侧的 abs(LENGTH) 个字符：

```
my $s6 = substr( $str, 3, -3 ); # $s6 = "3"
```

uc

```
uc [PAR]
```

本函数返回参数的大写形式，该参数的默认参数是 $_。

```
uc( "aBc" ); # ABC
```

ucfirst

```
ucfirst [PAR]
```

本函数返回参数的第一个字符的小写形式，该参数的默认参数是 $_。

```
ucfirst( "abc" ); # Abc
```

split

```
split [ /PATTEN/, [EXPR [, LIMIT] ] ]
```

本函数把表达式拆成列表，间隔符号由模式指定，LIMIT 表示了列表的最大长度，默认长度是实际拆得的长度。如果不带任何参数，则默认把 $_ 根据空格拆成列表。

```
@arr = split /,/, "b,c,d";
# @arr = ("b", "c", "d");
```

```
@arr = split /,/, "b,c,d", 2;
# @arr = ("b", "c,d");
```

特别提醒，如果表达式的开头含有模式指定的字符，那么拆分后的列表会多出空的元素。

```
@arr = split / /, " b c d";
# @arr = ("", "b", "c", "d");
```

如果字符串的间隔符不是固定数量的，那么我们可以使用 /A+/ 的模式，如：

```
@arr = split /\s+/, "b    c        d";
# @arr = ( "b", "c", "d");
```

模式也可以是任意多个字符的组合，当然一般情况下字符组合不会太复杂：

```
@arr = split /\s*,\s*/, "b ,  c   , d";
# @arr = ("b", "c", "d");
```

9.2.3　列表和数组处理

此前我们一直没有关注数组和列表的联系与区别，在这里说明一下，列表就是一串数据，它可以是常量或变量，也可以是空的，如：

```
(1, "a", $0)
()
```

数组是存储列表的变量，如：

```
@somes = (1, "a", $0)
```

能处理列表的函数也可以处理数组，因为数组是存储在变量中的列表。

下面依次介绍一些既可以处理列表，也可以处理数组的函数：grep、join、map、sort。

grep

```
grep EXPR, LIST
```

```
grep BLOCK LIST
```

本函数把 LIST 中的每个元素赋值给 $_（这个标量属于该 grep 函数），并计算 EXPR 或者 BLOCK，在列表环境中，它返回结果为真的所有元素的列表。

```
@comments = grep /^\s*#/, @lines;
```

上例返回 @lines 中所有以 # 开头的行。

```
@evens = grep { $_ % 2 == 0 } @nums;
```

上例选出所有的偶数。

在标量环境中，grep 函数返回结果为真的次数。grep 函数常用于 if 的条件中，判断某个元素是否存在或不存在于数组：

```
if ( 0 < grep { $_ eq "something" } @strs ) { … }
if ( 1 > grep { $_ eq "something" } @strs ) { … }
```

如果把 grep 放在不等号的左侧，则需要使用圆括号 (grep…) > 0。因为，

```
grep … @strs > 0
```

相当于：

```
grep … ( @strs > 0 )
```

请注意，grep 对数组的操作可能会改变原数组。我们回忆一下 for (@arrays)，如果我们改变了 $_，则会改变 @arrays，grep 与其同理。

```
@strs = qw/a b c/;
grep { s/b/B/; } @strs;
### Now, @strs = qw/a B c/
```

join

```
join STR, LIST
```

本函数使用 STR 把 LIST 拼接成一个字符串，并返回它。

```
$str = join ',', qw/a b c/; # $str = "a,b,c"
```

map

```
map EXPR, LIST
map BLOCK LIST
```

本函数把 LIST 中的每个元素赋值给 $_（这个标量属于该 map 函数），并计算 EXPR 或者 BLOCK，在列表环境中，它返回所有的结果的列表。每个 $_ 可以映射成零个、一个，或者多个返回值。常用的 map 函数用法是，对数组中的所有元素进行某种变换。

```
@ints = map int, (1.1, 2.2, 3.3); # @ints = (1, 2, 3)
%one_hash = map { $_ => 1 } qw/a b c/;
# one_hash = ( "a" => 1, "b" => 1, "c" => 1 );
```

map 不会改变 LIST 中的内容。

sort

```
sort USERSUB LIST
sort BLOCK LIST
sort LIST
```

本函数对 LIST 进行排序，然后返回完成排序的列表。如果没有提供 USERSUB 或者 BLOCK，它以标准的字符顺序排序列表。

```
@strs = qw/b a c/;
@sorted = sort @strs; # @sorted = qw/a b c/
@nums = (1,2,10);
@sorted = sort @nums; # @sorted = (1, 10, 2)
```

BLOCK 中通常有两个固定的标量 $a 和 $b，这是 Perl 给 sort 函数预设的专属标量。比如，我们可以按照数字的大小排序：

```
@sorted = sort { $a <=> $b } @nums; # @sorted = (1, 2, 10)
```

<=> 运算符对其左右两侧的数字进行比较，如果左侧的数字更小，则返回 −1；如果左侧的数字更大，则返回 1；如果两侧数字相等，则返回 0。

从 BLOCK 中，每次取数组中的两个元素，分别赋值给 $a 和 $b，然后运行 BLOCK 中的代码，如果返回正整数，则把 $a 对应的元素放在 $b 对应的元素的后面；如果返回负整数，则把 $a 对应的元素放在 $b 对应的元素的前面。其实万一记不住也没关系，大不了更换一下 $a 和 $b 的次序，如 { $b <=> $a }。

我们有时会对散列中的内容，按照其散列值排序。

```
%score_of = ( "a" => 90, "b" => 85, "c" => 100 );
@sorted = sort { $score_of{$a} <=> $score_of{$b} }
                keys %score_of;
# @sorted = qw/b a c/
@sorted = sort { $score_of{$b} <=> $score_of{$a} }
                keys %score_of;
# @sorted = qw/c a b/
```

由于 <=> 可能返回 0，这时我们可以增加一个比较条件。

```
@sorted = sort {   $score_of{$b} <=> $score_of{$a}
                || $a <=> $b } keys %score_of;
```

如果 BLOCK 里内容较多，我们也可以写成一个子例程。

```
sub sort_sub {
  $score_of{$b} <=> $score_of{$a}
    ||
  $a <=> $b
}
@sorted = sort sort_sub keys %score_of;
```

sort 不会改变它的输入列表或数组。

9.2.4　仅数组处理（不能处理列表）

有一些函数只能处理数组，即要求它处理的对象是有名字的，而不能是光秃秃的一串数据常量（即列表）。这些函数是 pop、push、shift、unshift、splice。

pop

```
pop [ARRAY]
```

本函数弹出（且删除）数组的最后一个元素，并返回这个元素。如果 pop 函数处在主程序中，那么它的默认参数是 @ARGV（主程序的命令行参数）；如果它处在子例程中，那么它的默认参数是 @_（子例程的参数）。

如果数组中没有元素了，则返回 undef（未定义值）。

push

```
push ARRAY, LIST
```

本函数把 LIST 压入数组 ARRAY 的尾部，ARRAY 本身被改变（增加了元素）。此函数返回新的数组的长度。

```
@arr = (1, 2, 3);
push @arr, 4;        # @arr = (1, 2, 3, 4);
push @arr, 5, 6;     # @arr = (1, 2, 3, 4, 5, 6);
```

shift

```
shift [ARRAY]
```

本函数与 pop 函数类似，从数组中取出一个元素，shift 是从头部取出（且删除）第一个元素，并返回此元素。如果 shift 函数处在主程序中，那么它的默认参数是 @ARGV（主程序的命令行参数）；如果它处在子例程中，那么它的默认参数是 @_（子例程的参数）。

如果数组中没有元素了，则返回 undef（未定义值）。

unshift

```
unshift ARRAY, LIST
```

本函数把 LIST 压入数组 ARRAY 的头部，ARRAY 本身被改变（增加了元素）。此函数返回新的数组的长度。

```
@arr = (1, 2, 3);
unshift @arr, 4;     # @arr = (4, 1, 2, 3);
```

```
unshift @arr, 5, 6;    # @arr = (5, 6, 4, 1, 2, 3);
```

LIST 是整体一起添加到 ARRAY 的头部，而不是一个一个添加元素。

splice

```
splice ARRAY [, OFFSET [, LENGTH [, LIST] ] ]
```

本函数从数组 ARRAY 中删除 OFFSET（或者和 LENGTH 组合）指定的元素。如果指定了 LIST，则使用 LIST 替换那些删除的元素。

```
splice @arr ; # @arr = ()
```

如果没有指定 OFFSET 和其他参数，splice 等价于清空此数组。

```
splice @arr, $offset ;
```

如果指定 OFFSET，则删除数组中下标从 $offset 起直至尾部的所有元素。OFFSET 可以是负数，这表示从数组的尾部向头部计数。

```
splice @arr, $offset, $len ;
```

如果指定了 LENGTH，则删除数组中下标从 $offset 起的 LENGTH 个元素。

在标量环境中，splice 返回最后删除的那个元素。在列表环境中，splice 返回删除的所有元素。

你可能也想到了，splice 与上述四个函数（pop 等）的对应关系，如表 9-2 所示。

表 9-2 splice 函数等价

使用 pop 等函数	等价的 splice 用法	使用 pop 等函数	等价的 splice 用法
push (@arr, $x)	splice (@arr, @arr, 0, $x)	shift (@arr)	splice (@arr, 0, 1)
pop (@arr)	splice (@arr, -1)	unshift (@arr, $x)	splice (@arr, 0, 0, $x)

当 @arr 处于 OFFSET 位置时，相当于处于标量环境，@arr 表示该数组的长度。

9.2.5 散列处理

处理散列的函数包含 delete、each、exists、keys、values。

delete

```
delete PAR
```

本函数常用来删除散列的某个键。

```
my %one_hash = ( "a" => 1, "b" => 2 );
delete $one_hash{"a"}; # now %one_hash = ( "b" => 2 )
```

如果要清空整个散列，我们不使用 delete，而是使用更高效的方法：

```
%one_hash = ();
```

或者

```
undef %one_hash;
```

上面两行代码略有区别。() 清空后的 %one_hash 仍然是有定义的，undef 使 %one_hash 变成未定义的。

each

```
each HASH
```

本函数迭代散列 HASH，每次返回一个键值对。在列表环境中，each 返回一个两元素的列表，第一个元素是键，第二个元素是对应的值。我们通常使用它来遍历散列的键值对。

```
while ( ($k, $v) = each %one_hash ) {
  print "key=$k; value=$v\n";
}
```

当遍历散列的所有键值对后，再读取一次散列时，散列是空的，所以 each 返回一个空的列表，这在标量环境中（while 的条件部分）返回"假"，可以顺利跳出 while 循环。

值得留意的是，请勿在这样的迭代过程中改变此散列，比如删除或增加某个键，因为 Perl 对这样的后果没有明确的定义。

exists

```
exist PAR
```

本函数常用来判断某个键是否存在于散列中。如果存在，那么本函数返回"真"，否则返回"假"。本函数并不在意这个键对应的值是什么，甚至也不在意这个值有没有被定义。

代码 9-3　ch09/fn_exists.pl

```
 1 #!/usr/local/bin/perl
 2
 3 my %one_hash = (
 4   "a" => undef,
 5   "b" => 0,
 6   "c" => 1,
 7 );
 8
 9 my @arr = qw/a b c d/;
10
11 for ( @arr ) {
12   if ( exists $one_hash{$_} ) {
13     print "$_ exists in %one_hash\n";
14   }
15   else {
16     print "$_ not exists in %one_hash\n";
17   }
18 }
19
20 exit 0;
```

运行代码 9-3 后的输出如下：

```
a exists in %one_hash
b exists in %one_hash
c exists in %one_hash
d not exists in %one_hash
```

keys

```
keys HASH
```

本函数返回散列的所有的键组成的一个列表，该函数常用来遍历散列。

```
for my $k ( keys %one_hash ) {
  print "key=$k; value=$one_hash{$k}\n";
}
```

values

```
values HASH
```

本函数返回散列的所有的值组成的一个列表，该函数常用来批量更新散列的值。

```
for ( values %one_hash ) {
  s/a/A/;
}
```

每次循环时，$_ 都是散列的某个值，而不是副本，所以可以直接修改它。

9.2.6 输入输出

处理输入输出的常用函数包含 open、close、opendir、closedir、readdir、die、print、printf、sprintf、warn 等。

open

```
open FILEHANDLE, MODE, PAR
```

本函数把文件和文件句柄关联起来，其后直到本文件句柄被关闭（close）之前，我们都通过对文件句柄的操作来间接操作文件。

open 函数最常用的使用方式是，其后有三个参数，且后面紧跟 or 以处理打开失败的情况，如下所示：

```
open my $fh, '<', $file or die "Error infor: $!";
```

第一个参数 $fh 可以在 open 调用时声明，它是一个局部变量，通常在 close($fh) 之前（即不再使用之前）一直有效。第二个参数表明了打开的模式。第三个参数是文件名。

open 函数运行成功时，会返回真；否则返回假，且不会终止程序。所以我们应该小心检查 open 是否运行成功。根据逻辑操作符 or 的特性，如果其左侧为真，则右侧不会被执行；如果左侧为假，则右侧才会被执行。大部分情况下，open 函数运行失败时，都会影响后续的动作，所以 open 函数运行失败时最好的处理方式是执行 die 输出错误信息，然后退出程序。当然我们也可以自行定义一个子例程来代替 die 函数，来达成类似的效果。这里要提醒的是，|| 操作符也有与 or 相同的（短路）特性，但是由于 || 的优先级比 open 的优先级高，因此在没有圆括号的情况下：

```
open my $fh, '<', $file || die "Error infor: $!";
```

等价于：

```
open my $fh, '<', ($file || die "Error infor: $!");
```

请看实例（如代码 9-4 所示）。

代码 9-4   ch09/open.pl

```
1 #!/usr/local/bin/perl
2
3 open my $fh1, '<', $ARGV[0] || die "Error when using ||: $!";
4 open my $fh2, '<', $ARGV[0] or die "Error when using or: $!";
5
6 print "done\n";
7
8 exit 0;
```

运行：

```
./open.pl ./open.pl
```

输出：

```
done
```

运行：

```
./open.pl file_not_exists
```

输出：

```
Error when using or: No such file or directory at ./open.pl line 4.
```

可见第 3 行的 open 函数并没有发挥我们预期的作用，原因是 || 的优先级更高。所以第 3 行等价于：

```
open my $fh1, '<', ($ARGV[0] || die "Error when using ||: $!");
```

字符串 file_not_exists 在逻辑表达式中是"真"，所以右侧的 die 不会执行，而且 ($ARGV[0] || die" Error when using ||: $!") 的返回值是 $ARGV[0]，所以 open 还是失败了。只有在以下几种特殊的情况下：

```
./open.pl 0
./open.pl
./open.pl ""
```

第 3 行才会意外地输出信息。因为 $ARGV[0] 为假，所以 || 会触发后续的 die 函数。

综上所述，我们一般采用 or，而不会写成 (open …) || …，更不会写成 open … || …。

open 的第一个参数是文件句柄。最常用的方式是写成 my $ 的形式。这样的优点是，此标量不与其他标量混在一起，而且它的作用域（有效范围）是到 close 函数结束为止。如果在 open 之前先定义这个标量，然后在 open 中用作文件句柄，Perl 也可以正常运行，没有语法错误。还有一种用法是使用标志符：

```
open FILEHANLE, …
```

标志符通常由全部大写的字母组成。使用标志符作为文件句柄时，有一个显著的缺点是，它不能用于需要递归的子例程中。因为标志符的作用域是整个文件，与子例程中 my 声明的变量不同，后者在子例程的每次调用时，都会生成一套新的副本。

让我们看一下代码 9-5，我们要读取一个文件 a.txt，如果它含有的一行是另一个文件，则我们继续读取另一个文件，所有读取到的内容都输出。假设我们使用标志符作为文件句柄，则程序不会正常工作。

代码 9-5　ch09/open_FH.pl

```
 1 #!/usr/local/bin/perl
 2
 3 print_sub("a.txt");
 4
 5 exit 0;
 6
 7 ### sub
 8 sub print_sub {
 9   my ($f) = @_;
10
11   return -1 unless -f $f;
12   open FH, '<', $f or die "$!";
13   while (my $line=<FH>) {
14     chomp $line;
15     if ( -f $line ) {
16       print_sub($line);
17     }
18     else {
19       print $line, "\n";
20     }
21   }
22   close FH or die "$!";
23
24   return 0;
25 } # print_sub
```

我们预设 a.txt 含有如代码 9-6 所示的内容。

代码 9-6　ch09/a.txt

```
1 a1
2 b.txt
3 a2
```

b. txt 含有如代码 9-7 所示的内容。

代码 9-7 ch09/b.txt

```
1 b1
2 b2
3 b3
```

当我们运行 ./open_FH.pl 时，会输出：

```
a1
b1
b2
b3
Bad file descriptor at ./open_FH.pl line 22.
```

只有将代码 9-5 的第 12 行的 open 函数的第一个参数 FH（即文件句柄）换成 my $fh（见代码 9-8），才能达成我们期望的效果。

代码 9-8 ch09/open_myfh.pl

```perl
 1 #!/usr/local/bin/perl
 2
 3 print_sub("a.txt");
 4
 5 exit 0;
 6
 7 ### sub
 8 sub print_sub {
 9   my ($f) = @_;
10
11   return -1 unless -f $f;
12   open my $fh, '<', $f or die "$!";
13   while (my $line=<$fh>) {
14     chomp $line;
15     if ( -f $line ) {
16       print_sub($line);
17     }
18     else {
19       print $line, "\n";
20     }
21   }
22   close $fh or die "$!";
23
24   return 0;
25 } # print_sub
```

运行 ./open_myfh.pl 后，可以得到我们期望的输出：

```
a1
b1
b2
b3
a2
```

所以，设置文件句柄时，最好使用 my 声明的标量，而不使用标志符。

接下来介绍第二个参数：打开的模式。如果第三个参数是文件，那么常用的打开模式如表 9-3 所示。

表 9-3　打开文件的模式

打开文件的模式	功　　能
<	打开文件，准备读取文件的内容。 如果文件存在且可读，则返回真； 如果文件不存在，则返回假； 如果文件不可读，则返回假
>	打开文件，准备向文件写入内容。原有内容会立即清空。 如果文件存在且可写，或者文件不存在，但是目标目录可写，则返回真； 如果文件不存在，则试图创建文件，如果文件所在的目录不可写，则返回假； 如果文件存在，则试图覆盖文件，如果文件不可写，则返回假
>>	打开文件，准备向文件追加内容。 如果文件存在且可写，或者文件不存在，但是目标目录可写，则返回真； 如果文件不存在，则试图创建文件，如果文件所在的目录不可写，则返回假； 如果文件存在，则试图在文件的尾部增加内容，如果文件不可写，则返回假

还有几种不常用的模式 +<、+>、+>>，它们支持读写文件。如果对它们感兴趣可以参见 perldoc。

第三个参数既可以是文件，也可以是系统命令。第三个参数是系统命令时，相对应的模式有两种，如表 9-4 所示。

表 9-4　打开命令的模式

连接命令的模式	功　　能
-|	把系统命令的输出关联到文件句柄，并作为输入
|-	把文件句柄关联到系统命令的输入，向此文件句柄写入内容，相当于把内容作为系统命令的输入

请看两个实例，代码 9-9 和代码 9-10。

代码 9-9　ch09/open_command_1.pl

```
1 #!/usr/local/bin/perl
2
3 open my $fhi, '-|', "cat $0" ;
4 while (<$fhi>) {
5    print;
6 }
7 close($fhi);
8
9 exit 0;
```

运行 ./open_command_1.pl 后，输出本程序的全部内容。

代码 9-10　ch09/open_command_2.pl

```
1 #!/usr/local/bin/perl
2
3 open my $fho, '|-', "tr 'a-z' 'A-Z'" ;
4 print $fho "something\n";
5 close($fho);
6
7 exit 0;
```

运行 ./open_command_2.pl 后，输出：

```
SOMETHING
```

第 4 行把 "something" 传递给 shell 命令——tr 'a-z' 'A-Z'，shell 命令的作用是把输入的字符转成大写的字符，然后输出。

open 的第二个参数和第三个参数可以合并成一个参数，虽然我不推荐合并，但是为了便于你知晓这类写法，现列出它们，如表 9-5 所示。

close

```
close FILEHANLE
```

本函数关闭文件句柄，成功关闭时返回真，失败时返回假。所以建议使用 or die

的形式检查是否成功关闭，特别是写入文件时。

表 9-5　打开文件的两参数形式

三参数形式（推荐）	等价的两参数形式（不推荐）	三参数形式（推荐）	等价的两参数形式（不推荐）
'<', $file	"< $file"	'-|', $command	"$command |"
'>', $file	"> $file"	'|-', $command	"| $command"
'>>', $file	">> $file"		

opendir

```
opendir DIRHANDLE, DIR
```

本函数把目录 DIR 关联到目录句柄 DIRHANDLE，此目录句柄一般由 readdir 继续读取。如果执行成功，则返回真；否则返回假。

closedir

```
closedir DIRHANDLE
```

本函数关闭目录句柄 DIRHANDLE，成功时返回真，否则返回假。

readdir

```
readdir DIRHANDLE
```

本函数读取目录句柄所关联的目录的文件名。在列表环境中，它返回所有文件名，包括 "." 和 ".."，但是不包括子目录所含的内容。在标量环境中，它的表现类似于迭代器——返回下一个文件。

代码 9-11　ch09/readdir_list.pl

```
1 #!/usr/local/bin/perl
2
3 opendir my $dh, "." or die "$!" ;
4 my @all_files = readdir $dh;
5 closedir $dh or die "$!";
6
```

```
 7 for my $file ( @all_files ) {
 8   print $file, "\n";
 9 }
10
11 exit 0;
```

运行 ./readdir_list.pl 后，输出：

```
.
..
open_command_1.pl
open_table.pl
readdir_list.pl
```
（省略了其他文件）

大部分时候，我们只需要处理普通的文件或者子文件夹，不包括“.”和“..”。所以我们可以使用 grep 函数过滤掉“.”和“..”。

代码 9-12　ch09/readdir_list_grep.pl

```
 1 #!/usr/local/bin/perl
 2
 3 opendir my $dh, "." or die "$!" ;
 4 my @all_files = grep { $_ ne '.' and $_ ne '..' } readdir $dh;
 5 closedir $dh or die "$!";
 6
 7 for my $file ( @all_files ) {
 8   print $file, "\n";
 9 }
10
11 exit 0;
```

运行 ./readdir_list_grep.pl 后，输出：

```
open_command_1.pl
open_table.pl
readdir_list.pl
```
（省略了其他文件）

如果一次性读入数组的文件的数量特别巨大，那么也可以考虑在标量环境中使用 readdir，此时，readdir 表现得像一个迭代器——每次返回一个文件名。

代码 9-13   ch09/readdir_scalar.pl

```
1 #!/usr/local/bin/perl
2
3 opendir my $dh, "." or die "$!" ;
4 while ( my $file = readdir($dh) ) {
5   print $file, "\n";
6 }
7 closedir $dh or die "$!";
8
9 exit 0;
```

如果想要过滤掉 "." 和 "..", 我们可以在上例中的第 5 行之前插入一行:

```
next if ( $file eq '.' or $file eq '..' );
```

die

```
die [LIST]
```

die 通常的用法是, 当它不在 eval { … } 内时, 它会把 LIST 的值全都输出到 STDERR (即标准错误), 并返回 $! 的值作为程序的退出值而退出。如果 $! 为 0, 那么它的返回值是 $?>>8, 如果 $?>>8 也为 0, 则返回 255。

如果 LIST 的最后一个元素的结尾不是换行符, 那么 die 会在消息的结尾附加上当前程序的名称和行号。

代码 9-14   ch09/die.pl

```
1 #!/usr/local/bin/perl
2
3 opendir my $dh, "..." or die "some thing is wrong" ;
4
5 exit 0;
```

运行 ./die.pl, 会输出:

```
some thing is wrong at ./die.pl line 3.
```

如果我们需要更详细一些的信息, 则可以加上 $!, 见代码 9-15 的第 3 行。

代码 9-15　ch09/die_2.pl

```
1 #!/usr/local/bin/perl
2
3 opendir my $dh, "..." or die "some thing is wrong: $!" ;
4
5 exit 0;
```

运行 ./die_2.pl，会输出：

```
some thing is wrong: No such file or directory at ./die_2.pl line 3.
```

print

```
print [ [FILEHANDLE] LIST ]
```

本函数打印 LIST。如果没有参数 FILEHANDLE，则向 STDOUT（标准输出）打印内容，除非使用 select 函数改变了当前的文件句柄。如果没有 LIST 参数，则默认打印 $_。本函数成功运行时返回真，失败时返回假。

print 函数常见的错误用法有两类，第一类错误如下所示：

```
open my $fho, ">", "print.txt" or die "some thing is wrong" ;
print $fho, "output something\n"; ## Wrong!!!
```

因为文件句柄和需要打印的 LIST 是两个独立的参数，所以它们之间不能有逗号。上面的语句会把 $fho, "output something\n" 都视为待打印的参数，而认为没有指定文件句柄，所以通常输出到 STDOUT 时，一般如下所示：

```
GLOB(0x7ffca600bc78)output something
```

第二类错误如下所示，假设我们想输出 (1+2)*3 的结果（9），如果我们这样编写：

```
print (1+2)*3, "\n"; ## Wrong
```

函数名的右侧紧跟着圆括号，这样的组合像一个函数的调用 print (1+2); 因为 Perl 有一个规则：如果某样东西看起来像函数，那么它就是函数。所以，正确的写法是：

```
print ( (1+2)*3, "\n" );
```

或者:

```
print 3*(1+2), "\n" ;
```

printf

```
printf [ FILEHANDLE ] FORMAT, LIST
```

本函数把 LIST 的内容按照 FORMAT 字符串预设的格式打印出来。如果有文件句柄，则打印到此文件句柄；如果没有，则打印到默认的文件句柄 STDOUT。另一个函数 sprintf 提供了类似的功能，有关 FORFMAT 和 LIST 的处理方式，请参见下方的 sprintf 函数。

```
printf [ FILEHANDLE ] FORMAT, LIST
```

等价于:

```
print [ FILEHANDLE ] sprintf FORMAT, LIST
```

sprintf

```
sprintf FORMAT, LIST
```

本函数把 LIST 中的所有元素按照 FORMAT（字符串）中约定的格式组合并返回一个字符串。

我们先看一个简单的例子:

```
my $str = sprintf "%.2f %.1f", 1.234, 2.345;
## $str = "1.23 2.3"
```

%.2f 要求 1.234 保留小数点后两位，其后的四舍五入。%.1f 要求 2.345 保留小数点后一位，其后的四舍五入。

我们看看 sprintf/printf 支持的格式（见表 9-6）。

表 9-6　printf/sprintf 支持的格式

FORMAT	输入	输出
%b	数字	无符号的二进制整数
%c	整数	在字符表中对应的字符
%d	数字	有符号的整数
%e	数字	以科学计数法表示的浮点数
%E	数字	与 %e 类似，使用大写的字母 E
%f	数字	浮点数
%g	数字	浮点数，以 %e 或 %f 表示
%G	数字	与 %g 类似，使用大写的字母 G
%n	＜无＞	把截至目前已输出的字符的数量存储到 LIST 中对应的变量中
%o	数字	无符号的八进制整数
%p	变量	十六进制表示的地址
%s	字符串	字符串
%u	数字	无符号的十进制整数
%x	数字	无符号的十六进制整数
%X	数字	与 %x 类似，使用大写字母 X
%%	＜无＞	%（即输出一个百分号符号）

在 % 与其后的字符之间，还可以设置如表 9-7 所示的标志。

表 9-7　printf/sprintf 支持的标志符

标志	含　义
space（空格）	用空格作为正数的前缀
+	用 + 作为正数的前缀
-	靠左对齐（默认是靠右对齐）
0（数字零）	右对齐使用 0 而不是空格
#	用 0 作为（值非 0 的）八进制的前缀，用 0x 作为（值非 0 的）十六进制的前缀
number	字符串的最小宽度
.number	对于浮点数，它控制了小数点之后的有效位数。对于字符串，它控制了字符串的最大长度。对于整数，它控制了整数的最小长度。
l（字母）	把整数解释成 C 语言的 long 或者 unsigned long 类型
h	把整数解释成 C 语言的 short 或者 unsigned short 类型

下面我们结合实例，看看它们的表现。我们可以制作一个简单的程序，接收来自命令行的参数，输出 sprintf 的输出（见代码 9-16）。

代码 9-16   ch09/sprintf.pl

```
1 #!/usr/local/bin/perl
2
3 my ($format, @input) = @ARGV;
4
5 printf "<$format>\n", @input;
6
7 exit 0;
```

依照表 9-8 的 FORMAT 和输入，可以运行程序并得到相应的输出。如：

运行 ./sprintf.pl %b 6 即可得到输出：

```
<110>
```

表 9-8   printf/sprintf 实例

FORMAT	输入	输 出
%b	6	<110>
%c	65	<A>
%d	−123.6	<-123>
%d	123.6	<123>
%e	271828	<2.718280e+05>
%E	271828	<2.718280E+05>
%f	3.14159	<3.141590>
%.3f	3.14159	<3.142>
%8.3f	3.14159	< 3.142>（左侧有 3 个空格）
%-8.3f	3.14159	<3.142 >（右侧有 3 个空格）
%+8.3f	3.14159	< +3.142>（左侧有 2 个空格）
%-+8.3f	3.14159	<+3.142 >（右侧有 2 个空格）
%0+8.3f	3.14159	<+003.142>
%s	88	<88>
%3s	88	< 88>（左侧有 1 个空格）
%03s	88	<088>
%-3s	88	<88 >（右侧有 1 个空格）
%s	abc	<abc>
%4s	abc	< abc>（左侧有 1 个空格）
%-4s	abc	<abc >（右侧有 1 个空格）
%%	/	<%>

为了向下兼容，printf/sprintf 还支持如表 9-9 所示的格式。

表 9-9　printf/sprintf 实例

FORMAT	等价于	FORMAT	等价于
%i	%d	%O（字母 o 的大写）	%lo
%D	%ld	%U	%lu
%F	%f		

warn

```
warn [PAR]
```

本函数输出信息到 STDERR，与 die 不同的是，warn 不会退出程序。如果有参数，且最后一个参数以换行符结束，那么：

```
warn "something is wrong\n";
```

等价于：

```
print STDERR "something is wrong\n";
```

如果有参数，但是最后一个参数不以换行符结束，那么 warn 会在输出的尾部自动添加“ at 程序名 line 行号 \n”，如：

```
warn "something is wrong";
```

输出：

```
something is wrong at ./warn.pl line 5.
```

9.2.7　文件（和目录）操作

处理文件和目录的常用函数包含 chdir、chmod、chown、link、lstat、mkdir、rename、rmdir、stat、umask、unlink、utime 等。

chdir

```
chdir [PAR]
```

本函数把程序的工作目录改为 PAR。如果省略了参数，本函数则将工作目录改为运行者的 home 目录。本函数运行成功时返回真，否则返回假。类似于 open 函数，我们也可以使用 or 来检查它是否运行成功。

```
chdir $object_dir or die "chdir failed $!\n";
```

chmod

```
chmod MODE, LIST
```

本函数把 LIST 中的文件（或目录）的权限设置为符合 MODE 规定的样子。本函数运行成功时返回成功改变权限的文件的数量。

MODE 类似于 Linux 操作系统的权限表示法，如 755、644 等。但是其前缀需要一个 0，如：

```
chmod 0755, $file_a;
```

chown

```
chown UID, GID, LIST
```

本函数修改 LIST 中的文件（或目录）的 UID（所属 User 的 ID）和 GID（所属 Group 的 ID）。UID 或 GID 都可以设置成 −1，这表示不改变 UID 或 GID。本函数运行成功时返回成功操作（也可能未改变）文件的数量。

link

```
link FILE, LINK
```

本函数创建一个链接，指向文件。运行成功时返回真，失败时返回假。

lstat

```
lstat [PAR]
```

本函数的功能与 stat 的功能几乎一致，不同的是，如果参数是一个符号链接，那么 lstat 处理这个链接本身，而不是像 stat 那样，处理它所链接的文件。

mkdir

```
mkdir DIR [, MASK]
```

本函数创建一个目录，如果指定了 MASK，则依照其规则赋予权限，如果未指定 MASK，则依照 shell 的 umask 默认值创建目录。本函数运行成功时返回真，否则返回假。

通常 shell 的 umask 是 022（写成 Perl 的形式是 0022），如果 MASK 是 0777，那么两者按位组合，得到新的 umask（仍然是 022），那么生成的目录的权限是 755。如果想生成一个权限是 750 的目录，则需要设置 MASK 为 0770。

rename

```
rename FILE, NEW_NAME
```

本函数把文件重新命名为新的名称。运行成功时返回真，失败时返回假。

rmdir

```
rmdir [DIR]
```

本函数删除一个空的目录 DIR，该函数的默认参数值是 $_。运行成功时返回真，失败时返回假。如果目录非空，那么我们需要先递归删除其子目录和所含文件（使用 unlink），或者调用操作系统的命令：

```
system("rm -rf $dir");
```

stat

```
stat [FILE|FILEHANDLE]
```

本函数返回文件或文件句柄（所指文件）的信息列表。在标量环境中，该函数返回真或假。在列表环境中，该函数返回一个列表，列表中含有 13 个元素（见

表 9-10）。

```perl
my @info = stat $file;
```

表 9-10 stat 返回的列表

列表下标	含 义
0	文件系统的设备号
1	索引节点号
2	文件模式（类型和权限）
3	指向该文件的链接数量
4	文件所有者的 UID
5	文件所属组的 GID
6	设备标志符
7	文件的大小（以 byte 字节计算）
8	上一次访问的时间（自 1970/01/01 00:00:00 以来的秒数）
9	上一次修改的时间（自 1970/01/01 00:00:00 以来的秒数）
10	上一次索引节点改变的时间（自 1970/01/01 00:00:00 以来的秒数）
11	文件系统 IO 的块（block）大小
12	实际分配给此文件的块（block）数量

以表 9-10 基于 X86 Linux 操作系统，在其他操作系统中 stat 返回的列表可能略有差异。

要记住或使用这 13 个元素不太容易。Perl 提供了 File::stat 模块，它能通过名称来获取相应的信息。如果你对 File::star 模块感兴趣，可参见 https://perldoc.perl.org/File::stat。

umask

```
umask [UMASK]
```

本函数调用 umask(2) 系统调用，为本程序运行的进程设置新的 UMASK 并返回它。如果没有提供 UMASK，则相当于不改变 UMASK，并返回当前的 UMASK。

一般情况下，运行以下代码：

```perl
printf "%#o\n", umask(), "\n";
```

会输出：

```
022
```

022 是 shell 的 umask 的默认值。

如果希望将 umask 改为 027，即把默认的文件或目录的生成权限设置为 750，那么我们可以这样：

```
umask 0027;
printf "%#o\n", umask(), "\n";
```

它会输出：

```
027
```

那么本进程后续的生成文件或目录的语句，如 open ">" 或 mkdir 会依照 750 的权限生成文件或目录。

unlink

```
unlink [LIST]
```

本函数删除 LIST 中指定的文件，该函数的默认参数是 $_。本函数返回被成功删除的文件的数量。

utime

```
utime ATIME, MTIME, LIST
```

本函数会改变 LIST 中的文件（或目录）的访问时间（ATIME）和修改时间（MTIME）。运行后返回成功改变的文件的数量。该函数有一个副作用是，被修改时间的文件的索引节点的修改时间会更新为当前时间。

如果我们需要把文件的访问时间和修改时间设置为明天的相同时刻，那么我们可以这样：

```
$new_time = time() + 24 * 60 * 60 ;
utime $new_time, $new_time, @ARGV;
```

9.2.8 流程控制

与流程控制相关的函数包含 do、exit、goto、last、next、redo、return。

do

```
do BLOCK
```

本函数执行代码块（BLOCK）中的内容，并返回最后计算的表达式的值。它通常紧跟一个 while 语句。因为 do BLOCK 本身不是循环，所以不能使用 next、last 或 redo 来离开或者重新运行 BLOCK。

```
$n = 10;
do {
  …
  ++$n;
} while ( $n < 10 );
```

上述代码的首先运行 do，然后运行 while，所以 do 所属的 BLOCK 至少会执行一次。

exit

```
exit [PAR]
```

本函数将参数作为程序的最终的退出状态。如果省略 PAR，则以 0 作为退出状态。

通常，我们在程序的逻辑上的结尾处编写 exit 0；来设置程序的退出状态。在遇到错误的情况下，可以使用 exit 1 或 −1 等其他值来终结程序。

goto

```
goto LABEL
```

本函数跳跃到 LABEL 指定的语句,然后从该语句继续运行。

```
GOTO_HERE:
…
…
goto GOTO_HERE if $need_goto;
```

当然,我不推荐使用 goto。不止在 Perl 语言,在其他高级编程语言中,也不推荐使用 goto。

last

```
last [LABEL]
```

本函数跳出循环,不再运行本次循环的后续语句,也不再运行剩余的循环。如果没有指定 LABEL,则跳出当前的(最内层的)循环。如果指定了 LABEL,则 LABEL 必须指示某个循环。last 不能像 goto 那样随意跳跃,不能用来跳出非循环体,如 do {}、sub {}、if {} 等。

```
JUMP_HERE:
for (…) {
  for (…) {
    for (…) {
      for (…) {
        if ( something ) {
          last JUMP_HERE;
        }
      }
    }
  }
}
```

next

```
next [LABEL]
```

本函数略过本次循环的后续语句,进入下一次循环。如果没有指定 LABEL,则跳出当前的(最内层的)循环。如果指定了 LABEL,则 LABEL 必须指示某个循环。next 不能像 goto 那样随意跳跃,不能用来跳出非循环体,如 do {}、sub {}、if {} 等。

redo

```
redo [LABEL]
```

本函数在不重新计算（循环的）条件的情况下，再次运行循环体。如果没有指定 LABEL，则表示最内层的循环。

我们来看一个实例，代码 9-17 接收用户的输入，如果用户输入的行尾以 \ 结束，则我们认为此行还有后续。这类似于 shell 命令行的语法。

代码 9-17　ch09/redo.pl

```
 1 #!/usr/local/bin/perl
 2
 3 while (<STDIN>) {
 4   if ( s{\\\n$}{} and defined ( $nextline = <STDIN> ) ) {
 5     $_ .= $nextline;
 6     redo;
 7   }
 8   print;
 9 }
10
11 exit 0;
```

运行 ./redo.pl 后，如果再输入：

```
some \
```

则程序会等待下一个用户输入，直到行尾不是 \，如果用户输入：

```
thing
```

那么会输出所有的用户输入：

```
some thing
```

用户输入的 \ 符号在第 4 行被 s{\\\n$}{} 替换成空字符了。

return

```
return [PAR]
```

本函数立即返回当前子例程，如果指定了 PAR，则把它作为返回值，如果没有指定 PAR，则返回 undef（在标量环境中）或空的列表（在列表环境中）。所以 PAR 可以是标量，也可以是列表或数组。

9.2.9　范围

与范围（作用域）相关的函数包含 local、my、our、package、use。

local

```
local PAR
```

本函数是对已经存在的变量进行局部化，而不是创建局部变量。local 声明的变量的作用域，一般有效至下一个 } 处。我们知道 @ARGV 存储了所有的命令行参数。如果我们对 @ARGV 使用 unshift 之类的函数，就会改变这个数组的内容。如果想要 @ARGV 保留原样，我们可以在 unshift 之前使用 local @ARGV，如代码 9-18 所示。

代码 9-18　ch09/local.pl

```
 1 #!/usr/local/bin/perl
 2
 3 print "1 \@ARGV are: ", map( { "$_ " } @ARGV), "\n";
 4 if ( 1 ) {
 5   local @ARGV = @ARGV;
 6   unshift @ARGV, "echo";
 7   print "2 \@ARGV are: ", map( { "$_ " } @ARGV), "\n";
 8   system @ARGV;
 9 }
10 print "3 \@ARGV are: ", map( { "$_ " } @ARGV), "\n";
11
12 exit 0;
```

运行 ./local.pl a b c，则会输出：

```
1 @ARGV are: a b c
2 @ARGV are: echo a b c
a b c
3 @ARGV are: a b c
```

我们看到，第 2 次输出的 @ARGV 其实是 local 声明的 @ARGV，第 3 次输出的 @ARGV 与第 1 次输出的相同。

my

my PAR

本函数声明一个或多个变量，多个变量需要使用逗号分隔，且使用圆括号包围：

```perl
my $a1;
my ($a2, $a3);
```

my 既可以只声明而不赋值，也可以声明的同时进行赋值：

```perl
my $s1 = "ab";
my ($s2, $s3) = qw/bc cd/;
my ($s4, @s5) = qw/1 2 3 4 5/;
```

从作用域看，根据 my 所处的位置，这些变量都拥有相对较小（私有）的作用域。如果 my 的声明处于主程序中，且不处于其他花括 {} 内，则它的作用域为自声明处直到文件的结尾（包括子例程），my 声明的变量看起来也像是一个全局变量。但是不建议在子例程中使用在主程序部分声明的变量，这是为了降低程序各部分之间的耦合度（或称相关度）。

如果 my 声明处于 {} 内，则它声明的变量的作用域仅限于这个 {} 内部。

代码 9-19   ch09/my.pl

```perl
1 #!/usr/local/bin/perl
2
3 if ( 1 ) {
4    my $str = "abc";
5    print "in if: $str\n";
6 }
7
8 if ( defined $str ) {
9    print "out if: $str\n";
10 }
11 else {
12    print "out if: \$str is not defined.\n";
```

```
13 }
14
15 exit 0;
```

运行 ./my.pl，会输出：

```
in if: abc
out if: $str is not defined.
```

同理，在 sub{…}、for(){…} 或 while (){…} 的大括号内的 my 声明，所声明的变量的作用域仅限于 {} 内部。

our

our PAR

本函数在当前作用域内声明全局变量，此全局变量不能在之前被 my 声明过。

代码 9-20　ch09/our.pl

```
 1 #!/usr/local/bin/perl
 2
 3 ($str1, $str2) = qw/str1 str2/;
 4 print "before if: \$str1=$str1; \$str2=$str2\n";
 5 if ( 1 ) {
 6   our   $str1 = "new our str1";
 7   local $str2 = "new local str2";
 8   print "in if: \$str1=$str1; \$str2=$str2\n";
 9 }
10 print "after if: \$str1=$str1; \$str2=$str2\n";
11
12 exit 0;
```

运行 ./our.pl，则会输出：

```
before if: $str1=str1; $str2=str2
in if: $str1=new our str1; $str2=new local str2
after if: $str1=new our str1; $str2=str2
```

our 函数还有一些用法，如果感兴趣可以参见 perldoc。

package

```
package [NAMESPACE]
```

package 不是一个真正的函数，它只是一个声明，表示剩余的作用域属于它声明的命名空间。

在创建模块时，我们习惯上使包的命名空间和文件名相同。

代码 9-21   ch09/package.pl

```
 1 #!/usr/local/bin/perl
 2
 3 package P1;
 4 $str = "P1 str";
 5
 6 package P2;
 7 $str = "P2 str";
 8
 9 print "P1's \$str is: $P1::str\n";
10 print "P2's \$str is: $P2::str\n";
11
12 exit 0;
```

运行 ./package.pl，则得到输出：

```
P1's $str is: P1 str
P2's $str is: P2 str
```

use

```
use MODULE [LIST]
```

use 声明装载一个模块，并把子例程和变量从这个模块导入到当前文件。如果不指定 LIST，则默认导入所有的子例程和变量。如果不希望导入任何子例程和变量，则可以使用一个空的列表，如：

```
use MODULE ()
```

use 还有一些其他用法，比如指定版本号等，更多信息可参见 perldoc。

9.2.10　时间处理

处理时间的函数包含 gmtime、localtime、time、times。

gmtime

```
gmtime [TIME]
```

本函数把通常由 time() 函数返回的时间转换成 9 个元素的列表。

```
($sec, $min, $hour, $mday, $mon, $year, $wday, $yday, $isdst) = gmtime;
```

如果省略了 TIME，则等效于 gmtime(time())。

假设当前北京时间是 2021-05-29（周六）21:42:57，那么 time() 会得到自 1970-01-01 0:00:00 以来的秒数。那么 gmtime 返回后，得到的各变量值如表 9-11 所示。

表 9-11　gmtime 返回的列表

变量名	值	含　义
$sec	57	秒针指数
$min	42	分针指数
$hour	13	格林尼治时间的小时指数（24 小时制）
$mday	29	日
$mon	4	月份数 −1。1 月是 0，2 月是 1……
$year	121	年份数 −1900
$wday	6	星期数。0 是星期日，1 ~ 6 对应星期 n
$yday	148	本年度的第几天。1 月 1 日是第 0 天，12 月 31 日是 364（平年）或 365（闰年）
$isdst	0	是否夏令时（Daylight Saving Time）。因为 gmtime 针对的是格林尼治时区，所以此项通常是 0

如果想获取此刻北京时间是星期几，我们可以这样：

```
$weekday_bj =
  (qw/Sun Mon Tue Wed Thu Fri Sat/)[(gmtime)[6]];
## $weekday_bj = "Sat"
```

localtime

```
local [TIME]
```

与 gmtime 类似，本函数返回 9 个元素的列表，与 gmtime 不同的是，顾名思义，localtime 返回本地时区的信息。

time

```
time
```

本函数返回自 1970-01-01 0:00:00 以来的秒数（不含闰秒）。此返回值可以传递给 gmtime 或 localtime 函数。

times

```
times
```

本函数统计进程运行的时间。在标量环境中，返回用户时间。在列表环境中，返回四个元素组成的列表，分别是此进程和它已结束的子进程的用户和系统 CPU 时间。

```
$start = times();
…
$end = times();
printf "CPU seconds of user time: %.2f\n", $end - $start;
```

9.2.11 其他函数

另有一些不易分类的函数包含 chomp、chop、reverse、defined、eval、scalar、undef。

chomp

```
chomp [PAR]
```

本函数通常会删除变量中的字符串尾部的换行符。如果变量的尾部不是换行符，则该变量不受影响。它返回删除的字符数量。本函数的参数既可以是标量，也可以是数组，该函数的默认参数是 $_。

chomp 常用于读取文件时，去除行尾的换行符：

```
while (<$file_handle>) {
  chomp;
  ...
}
```

本函数还可以处理数组，一次性处理数组中的所有元素。

chop

```
chop [PAR]
```

本函数删除变量的最后一个字符，并返回此字符。

```
@lines = `cat file`;
chop @lines;
```

本函数也可以一次性处理数组中的所有变量。它与 chomp 的区别是，chop 一定会去除变量的最后一个字符，无论这个字符是否是换行符。

reverse

```
reverse [LIST|SCALAR|HASH]
```

本函数的参数可以是标量或常量，列表或数组，甚至散列也可以作为参数。如果参数是标量或常量：

```
$str1 = "abcd";
$str2 = reverse $str1;
# $str2 = "dcba"
```

那么，reverse 返回其反向排序的字符串。

如果参数是列表或数组：

```
@arr1 = qw/1 2 3 4/;
@arr2 = reverse @arr1;
# @arr2 = qw/4 3 2 1/;
```

那么，reverse 返回反向排序的列表。

如果参数是散列，假设此散列的各个键所对应的值各不相同：

```
%new_hash = reverse %one_hash
```

那么 %new_hash 的键值对是 %one_hash 的值键对。

reverse 还常用于反转一个递增的 .. 列表：

```
for ( reverse 1..10 ) {}
```

因为 .. 运算符只能是递增运算，不能写为 10 .. 1 的递减形式，所以可以利用 reverse 来反转。

defined

```
defined [PAR]
```

本函数检测参数 PAR 是否已经定义，返回真或假，该函数的默认参数是 $_。参数可以是标量，或者子例程。defined 常用于检查获取到的变量内容，如：

```
while ( defined( $str = pop @arr ) ) {
  $str …
}
```

如果 pop 处理完 @arr，则会返回一个 undef，并赋值给 $str，那么 defined 返回假。

我们再看看读取文件时的常用判断法：

```
while ( $line = <$file_handle> ) {…}
```

通常情况下，上述判断法工作得很好，在文件被读完时，返回 undef。但有一种极其特殊的，甚至是人为的情况，即如果读取的文件的全部内容只有一个字符 0 （零），没有换行符。那么，上面的判断法就无法正确读取这个 0。此时，我们可以采用更严格和精确的判断法：

```
while ( defined( $line = <file_handle> ) ) {...}
```

即便 $line=0，这也会使 defined 返回真。

我们还可以将 defined 用于运行子例程之前，来判断子例程是否已经定义了。

```
my $sub_name = "try_run";
if ( defined &$sub_name ) {
  &$sub_name(); # call try_run();
}
else {
  print "it's invalid subrouting: $sub_name\n";
}
```

请注意，&$ 这类用法在 use strict 的情况下是被禁止的。可以在 &$ 语句之前增加 no strict 'refs'; 语句，使其可行。

eval

```
eval [BLOCK|EXPR]
```

本函数运行 BLOCK 或 EXPR 的 Perl 代码，该函数的默认参数是 $_，它的返回值是 BLOCK 中最后的返回值，或者是 EXPR 的返回值。eval 一般用来处理异常，使得程序比较优雅地返回错误，而不是异常退出。

我们看一个典型的"除以零"的错误（见代码 9-22）。

代码 9-22　ch09/eval_1.pl

```
1 #!/usr/local/bin/perl
2
3 my $n1 = 10;
4 my $n2 = 0;
5 my $n3;
6
7 $n3 = $n1/$n2;
8
9 print "done\n";
```

运行 ./eval_1.pl，则会输出：

```
Illegal division by zero at ./eval.pl line 7.
```

然后程序就退出了。

我们可以利用 eval 来处理 (见代码 9-23)。

代码 9-23   ch09/eval_2.pl

```
 1 #!/usr/local/bin/perl
 2
 3 my $n1 = 10;
 4 my $n2 = 0;
 5 my $n3;
 6
 7 eval {
 8 $n3 = $n1/$n2;
 9 };
10
11 warn $@ if $@;
12
13 print "done\n";
```

运行 ./eval_2.pl，则会输出：

```
Illegal division by zero at ./eval_2.pl line 8.
done
```

从中可以明显看出，程序并没有因为这个"致命"错误而退出，程序继续执行了后续的语句。

scalar

```
scalar PAR
```

本函数强制在标量环境中计算 PAR。比如 @arr 在标量环境中会返回此数组的长度。如果我们需要在 print 语句（这是列表环境）中输出 @arr 的长度，那么我们就需要 scalar 函数：

```
print "length of array is: ", scalar(@arr), "\n";
```

undef

```
undef [PAR]
```

undef 既是函数名，又是"未定义值"的缩写 。作为函数，undef 可以使变量成为未定义的状态。

```
undef $str;
undef $str_of{"some"};
undef @arr;
undef $one_hash;
undef &$sub_name;
```

undef 函数的参数只有一个，它每次解除一个变量的定义。

如果没有参数，那么 undef 可当作"未定义值"，在列表赋值中，undef 可以作为左侧的占位符，其右侧对应的值则被抛弃：

```
(undef, $s1) = qw/s2 s1/; # $s1 = "s1"
```

9.3　常用模块

安装 Perl 后，会默认安装一些常用的模块。除此以外，Perl 社区（www.cpan.org）还贡献了更多的功能强大的模块。CPAN 是"综合的 Perl 档案网"（Comprehensive Perl Archive Network），你可以浏览该网站，下载实用的模块，或者自己制作模块上传分享给其他人。截至 2021 年 05 月 17 日，那里已经有 197 583 个模块了。

本书介绍几个常用的模块。前三个模块——strict、warnings 和 parent 又称为 pragma，是一种在 Perl 的编译或运行时影响其表现的模块。

9.3.1　strict

顾名思义，strict 提供了（更）严格的检查，把某些可能导致意外或难以 debug 的表现形式，转变为错误。原本可以正常运行结束的程序，由于 use strict 的存在，有可能会遇到错误，从而立即退出了。strict 的作用范围是它所在的程序文件或代码块。

默认情况下，它导入的列表有 3 个元素：refs、subs、vars。这 3 个元素可以分别导入。我们分别看看它们的作用和表现。首先看一下导入 refs 的情况（见代码 9-24）。

代码 9-24   ch09/strict_refs.pl

```
 1 #!/usr/local/bin/perl
 2
 3 use strict "refs";
 4
 5 my $str = "sub_a";
 6 &$str;
 7
 8 exit 0;
 9
10 sub sub_a {
11   print "sub_a done\n";
12 }
```

运行代码 9-24 后，会输出：

```
Can't use string ("sub_a") as a subroutine ref while "strict refs" in use at ./
  strict_refs.pl line 6.
```

上述输出表示字符串不能作为子例程的引用。

如果我们注释第 3 行，则会输出：

```
sub_a done
```

下面我们看看 use strict "subs"（见代码 9-25）。

代码 9-25   ch09/strict_subs.pl

```
 1 #!/usr/local/bin/perl
 2
 3 use strict "subs";
 4
 5 my $str = sub_a;
```

```
 6 &$str;
 7
 8 exit 0;
 9
10 sub sub_a {
11   print "sub_a done\n";
12 }
```

运行代码 9-25 后，会输出：

```
Bareword "sub_a" not allowed while "strict subs" in use at ./strict_subs.pl line 5.
Execution of ./strict_subs.pl aborted due to compilation errors.
```

上述输出表示我们必须在第 5 行的 sub_a 两侧加上引号。

如果我们注释第 3 行，则会输出：

```
sub_a done
```

最后，我们看看 use strict "vars"（见代码 9-26）。

代码 9-26　ch09/strict_vars.pl

```
1 #!/usr/local/bin/perl
2
3 use strict "vars";
4
5 $str = "sub_a";
6 print "\$str : $str\n";
7
8 exit 0;
```

运行代码 9-26 后，会输出：

```
Global symbol "$str" requires explicit package name (did you forget to declare "my
  $str"?) at ./strict_vars.pl line 5.
Global symbol "$str" requires explicit package name (did you forget to declare "my
  $str"?) at ./strict_vars.pl line 6.
Execution of ./strict_vars.pl aborted due to compilation errors.
```

上述输出表示变量 $str 需要明确的声明，比如使用 my。

如果我们注释第 3 行，或者在第 5 行的行首增加 my 则会输出：

```
sub_a
```

通常，我们会使用 use strict，如果有需要的情况下，可以关闭某个部分，例如：

```
use strict;
no strict 'refs';
```

更多内容可参考 perldoc strict。

9.3.2   warnings

warnings 模块会增加一些警告信息，但是不影响程序继续运行。如果没有它，默认情况下，Perl 是很宽松自由的——未初始化的变量、不严重的错误等都是可以接受的，以及默认的转换也是悄悄进行的。

代码 9-27   ch09/warnings.pl

```
 1 #!/usr/local/bin/perl
 2
 3 my ($str, @arr, %ahash) ;
 4 print $str, " warn 1\n";
 5 print $arr[0], " warn 2\n";
 6 print $ahash{"aa"}, " warn 3\n";
 7
 8 my @chars = qw/a b c/;
 9 print @chars[2], " warn 4\n";
10
11 my $num = "6,";
12 ++$num ;
13 print $num, " warn 5\n";
14
15 exit 0;
```

运行代码 9-27 后，会输出：

```
 warn 1
 warn 2
 warn 3
c warn 4
```

```
7 warn 5
```

让我们看看 Perl 多么宽容。

第 4 ～ 6 行，虽然这 3 行中的变量都没有初始化，但 Perl 照常运行了，只是假设它们都是空字符串。

第 9 行，明明写错了变量（应该写为 $chars[2]），但 Perl 也不计较，Perl 猜测我们想要的是 $chars[2]，悄悄地纠正变量，然后继续运行程序。

第 11 ～ 12 行，明知 $num 不是数字，Perl 也尽量将它转换成数字。

这些都有可能是我们的误操作或者超出我们的期望的操作。

如果在第 2 行加上 use warnings;，那么我们可以看到这样的输出：

```
Scalar value @chars[2] better written as $chars[2] at ./warnings_2.pl line 9.
Use of uninitialized value $str in print at ./warnings_2.pl line 4.
 warn 1
Use of uninitialized value in print at ./warnings_2.pl line 5.
 warn 2
Use of uninitialized value in print at ./warnings_2.pl line 6.
 warn 3
c warn 4
Argument "6," isn't numeric in preincrement (++) at ./warnings_2.pl line 12.
7 warn 5
```

我们可以看到，程序多输出了一些警告信息，但是并没有中途退出。

更多内容可参考 perldoc warnings。

9.3.3　parent

parent 模块常用来表示当前模块衍生自另一个模块，即后者是前者的 parent。我们自制一个模块时经常使用它。

代码 9-28　perl_module/My_perl_module_v2.pm

```
1 package My_perl_module_v2;
```

```
2
3 use parent qw(Exporter);
4 our @EXPORT = qw(Handle_argv);
（省略了多行）
```

使用 use parent qw(Exporter) 表示当前模块继承自模块 Exporter，Exporter 提供了模块的导入（或导出，这依赖于我们从哪个角度观察）方法。@EXPORT 是在 Exporter 模块中定义的。

第 3 行，我们使自己的模块 My_perl_module_v2 继承自 Exporter。

第 4 行，我们借用 Exporter 模块中定义的 @EXPORT，给它赋值 qw(Handle_argv)。第 4 行达到的效果是，My_perl_module_v2 模块中定义的子例程 Handle_argv，现在可以被 My_perl_module_v2 模块的调用者直接调用，即调用者可直接使用 Handle_argv()，而不必使用 My_perl_module_v2:: Handle_argv()。

如果你对 parent 或 Exporter 的其他相关内容有兴趣，可参考 perldoc parent 或 perldoc Exporter。

9.3.4 Benchmark

Benchmark 模块的功能是评估一段代码的性能，它常用来比较两段功能相同的代码的性能差异，便于用户选择更优的代码。一般 Perl 默认安装 Benchmark 模块。

代码 9-29　ch09/benchmark_1.pl

```
1 #!/usr/local/bin/perl
2
3 use Benchmark qw(cmpthese);
4
5 $x = 3;
6 cmpthese( -1, {
7     byit => sub{$x*$x},
8     by2  => sub{$x**2},
9 } );
10
11 exit 0;
```

第 3 行，使用 use Benchmark 来应用此模块，后面再跟上需要导入的子例程 cmpthese。

第 6 行，开始运行子例程 cmpthese，它的第一个参数是数字，如果此数字是正整数，则该数字表示后续的代码块需要反复执行的次数。如果是负整数，则其绝对值是 CPU 需要运行的时间。如果是零，则等效于 −3，即使 CPU 的运行时间为 3 秒。此子例程的第二个参数是散列，各键对应的值是匿名子例程 sub{}，也就是需要考察的代码块。

第 7 行和第 8 行，分别设定了键名和对应的匿名子例程。

运行 ./benchmark_1.pl 得到输出（每次运行的结果可能不完全一样）：

```
        Rate  by2 byit
by2  71599590/s  -- -16%
byit 84937689/s  19%  --
```

输出意指：by2 对应的子例程运行速度比 byit 对应的子例程运行速度慢 16%，byit 对应的子例程运行速度比 by2 对应的子例程运行速度快 19%。by2 和 byit 分别平均每秒运行了 71599590 次和 84937689 次。

我们可以使用 timethese 和 cmpthese 的组合，来获得更详细的比较结果。

代码 9-30 ch09/benchmark_2.pl

```perl
 1 #!/usr/local/bin/perl
 2
 3 use Benchmark qw(cmpthese timethese);
 4
 5 $x = 3;
 6 $r = timethese( -1, {
 7     byit => sub{$x*$x},
 8     by2  => sub{$x**2},
 9 } );
10 cmpthese $r;
11
12 exit 0;
```

相较于代码 9-29，这次我们略作修改。

第 6 行，调用 timethese 来比较两个匿名子例程，并将结果返回给 $r。

第 10 行，使用 cmpthese 来获取 $r 的结果。

运行 ./benchmark_2.pl 得到输出（每次运行的结果可能不完全一样）：

```
Benchmark: running by2, byit for at least 1 CPU seconds…
      by2:  2 wallclock secs ( 1.12 usr +  0.00 sys =  1.12 CPU) @ 52428800.00/s
            (n=58720256)
     byit:  1 wallclock secs ( 1.03 usr + -0.01 sys =  1.02 CPU) @ 87225572.55/s
            (n=88970084)
            Rate  by2 byit
by2  52428800/s   -- -40%
byit 87225573/s  66%   --
```

来看一下输出结果的最后三行，虽然与 benchmark_1.pl 的结果不一样，但它也显示了两个子例程的差异。第 2 行和第 3 行显示了各个子例程消耗的用户时间和系统时间，以及总 CPU 时间，另外还显示每秒运行的次数。

更多说明可参见 perldoc Benchmark。

9.3.5　Cwd

Cwd 模块提供了几个函数，来确定当前的工作目录。一般 Perl 默认安装 Cwd 模块。

代码 9-31　ch09/cwd.pl

```
1 #!/usr/local/bin/perl
2
3 use Cwd qw(getcwd abs_path) ;
4
5 my $cwd = getcwd();
6 print "Current Working Directory is: $cwd\n";
7
8 my $full_path_cmd = abs_path($0);
9 print "$0's full path is: $full_path_cmd\n";
10
11 exit 0;
```

getcwd() 返回当前的工作目录，如果有 chdir 改变了工作目录，getcwd() 也能返回新的当前工作目录。

abs_path($file) 返回文件的完整路径。有时，基于某些原因，$file 带有很多相对路径，如：

```
$file = "../ch8/../ch10/cwd.pl";
```

abs_path() 能返回正确且简洁的值。如果文件 $file 不存在，则 abs_path($file) 返回 undef。

更多说明可参见 perldoc Cwd。

9.3.6　Data::Dumper

Data::Dumper 模块可以输出各类变量的全部内容，便于检查。输出的格式符合 Perl 语法，可以直接被 eval 调用。代码 9-32 中，我们主要看看输出变量的功能。我们把 ch07/connect_verilog.pl（见第 7 章）复制为 ch09/connect_verilog_dumper.pl，并进行一些修改。

代码 9-32　ch09/connect_verilog_dumper.pl

```
 5
 6 use Data::Dumper;
 7
 ...
35 Handle_argv( \@ARGV, \%{ $converilog{'def'} }, \%{ $converilog{'arg'} } );
36 print Dumper(\%converilog);
37 exit 0;
38
```

修改如下：在第 6 行增加 use Data::Dumper;，以及在 Handle_argv 函数之后增加两行（即第 36 行和第 37 行）。

然后运行 ./connect_verilog_dumper.pl -file_list file_list -output output/dump.v，可看到输出：

```
$VAR1 = {
          'arg' => {
                    '-file_list' => 'file_list',
                    '-output' => 'output/dump.v'
                   },
          'def' => {
                    '-output' => {
                                   'perl_type' => 'scalar'
                                 },
                    '-file_list' => {
                                      'data_type' => 'inputfile',
                                      'perl_type' => 'scalar'
                                    }
                   }
        };
```

Dumper 函数接受变量的引用，然后结合 print 函数，即可输出格式化的变量的内容。这非常有助于我们在编写程序的过程中，随时检查复杂的数据是否与我们的预期相同。

更多说明可参见 perldoc Data::Dumper。

9.3.7　Digest::MD5

Digest::MD5 模块常用来生成文件的 MD5 编码，有助于确认文件的完整性。

代码 9-33　ch09/md5.pl

```
 1 #!/usr/local/bin/perl
 2
 3 use Digest::MD5;
 4
 5 my $filename = $0;
 6 open my $fhi, '<', $filename or die "Can't open '$filename': $!";
 7 binmode ($fhi);
 8 print Digest::MD5->new->addfile($fhi)->hexdigest, " $filename\n";
 9 close $fhi or die "Close file '$filename' failed: $!";
10
11 exit 0;
```

运行 ./md5.pl 可看到类似这样的输出：

```
564295458501be1681a858c7812a9111  ./md5.pl
```

更多说明可参见 perldoc Digest::MD5。

还有类似的模块 Digest::SHA，具体说明可参见 perldoc Digest::SHA。

9.3.8　File::Basename

File::Basename 模块可以解析文件名，或看起来像文件名的字符串。

代码 9-34　ch09/filebase.pl

```
 1 #!/usr/local/bin/perl
 2
 3 use File::Basename;
 4
 5 my $file = "/a/b/c/d.txt";
 6
 7 my ($name, $path, $suffix) = fileparse($file, qr/\.[^.]*/);
 8 my $basename = basename($file);
 9 my $dirname  = dirname ($file);
10
11 print "
12 name is     : $name
13 path is     : $path
14 suffix is  : $suffix
15 basename is: $basename
16 dirname is : $dirname
17 ";
18
19 exit 0;
```

运行 ./filebase.pl 会输出：

```
name is     : d
path is     : /a/b/c/
suffix is  : .txt
basename is: d.txt
dirname is : /a/b/c
```

本模块主要提供三个子例程 fileparse、basename 和 dirname。你可根据需求选取使用。

更多说明可参见 perldoc File::Basename。

9.3.9   Spreadsheet::XLSX

Spreadsheet::XLSX 模块主要用来读取 MS Excel（2007）文件。本模块通常不是默认安装的，需要下载并安装多个相关的模块。

CPAN 提供了一个专门通过网络安装模块的模块：cpan。可通过 shell 命令 which cpan 确认 cpan 是否存在。如果不存在，那么可以访问 https://metacpan.org/pod/distribution/CPAN/scripts/cpan。在页面左侧的 Download，单击下载。下载后解压缩包，根据 README 的提示，依次运行：

```
perl Makefile.PL
make
make test
make install
```

运行完成后，使用以下命令安装 Spreadsheet::XLSX 模块：

```
cpan Spreadsheet::XLSX
```

安装完成后，可以尝试运行代码 9-35 了。

代码 9-35   ch09/excel.pl

```perl
1 #!/usr/local/bin/perl
2
3 use Spreadsheet::XLSX;
4 my $excel = Spreadsheet::XLSX->new($ARGV[0]);
5
6 for my $sheet (@{$excel->{Worksheet}}) {
7   printf("Sheet: %s\n", $sheet->{Name});
8   $sheet->{MaxRow} ||= $sheet->{MinRow};
9   for my $row ($sheet->{MinRow} .. $sheet->{MaxRow}) {
10     $sheet->{MaxCol} ||= $sheet->{MinCol};
11     for my $col ($sheet->{MinCol} .. $sheet->{MaxCol}) {
12       my $cell = $sheet->{Cells}[$row][$col];
13       if ($cell) {
14         printf("( %s , %s ) => %s\n", $row, $col, $cell->{Val});
15       }
16     }
17   }
18 }
19
20 exit 0;
```

运行 ./excel.pl ./excel.xlsx 可得到以下输出:

```
Sheet: Sheet1
( 0 , 0 ) => Perl
( 0 , 1 ) => IC
( 1 , 0 ) => Design
( 1 , 1 ) => Practice
```

excel.xlsx 的内容如表 9-12 所示，第一行和左侧第一列是 Excel 的栏位，不是用户输入的内容:

表 9-12　Excel 文件的内容

	A	B
1	Perl	IC
2	Design	Practice

更多说明可参见 https://metacpan.org/pod/Spreadsheet::XLSX。

嵌入式深度学习：算法和硬件实现技术

作者：[比] 伯特·穆恩斯 [美] 丹尼尔·班克曼 [比] 玛丽安·维赫尔斯特

ISBN：978-7-111-68807-5 定价：99.00元

本书是入门嵌入式深度学习算法及其硬件技术实现的经典书籍。在供能受限的嵌入式平台上部署深度学习应用，能耗是最重要的指标，书中详细介绍如何在应用层、算法层、硬件架构层和电路层进行设计和优化，以及跨层次的软硬件协同设计，以使深度学习应用能以最低的能耗运行在电池容量受限的可穿戴设备上。同时，这些方法也有助于降低深度学习算法的计算成本。